岩波科学ライブラリー 269

岩石はどうしてできたか

諏訪兼位

岩波書店

はじめに

私は一九四八(昭和二三)年四月に大学に入学した。間もなく坪井誠太郎先生の岩石学実験法の講義が始まった。先生は講義の冒頭に「岩石学という名前は、とても泥臭い名前ですが、講義が進み、実験・実習が進むにつれて、とても魅力的なものに変わっていくことでしょう。それが私の講義のねがいです」と言われた。

坪井先生の講義は、不合理を許さない厳密さと、透徹した論理に裏打ちされ、情熱を傾けたものであり、多くの学生に深い感銘を与えた。坪井先生は学問に対して純粋で謙虚であり、学生・研究者に対して、わけへだてをしない人であった。野外調査などでも、若い学生の議論に耳を傾け、有益なコメントや議論をされた。

こうして私は一九五〇(昭和二五)年四月に、坪井先生の研究室に入り、岩石学の研究を始めた。坪井先生の予言のとおり、岩石学は決して泥臭い学問ではなく、とても夢に満ちた魅力的な学問であった。

地球を構成する物質は岩石である。このために、地球の構成・地球の生成発展史・地球の環境変遷史・地球の地下資源などの基本的問題の探究には、岩石学が不可欠である。したがって、岩石学は地質学の主柱として発展してきた。そして現在、岩石学は地球物理学や地球化学など隣接の地球科学分野と密接な関係をもって発展している。

岩石は鉱物の集合体である。どんな種類の鉱物が集まって一つの岩石をつくるかには規則性があるから、岩石の組成や性質を調べて記載・分類し、その成因を説明することは、鉱物学（個々の鉱物を記載・分類する）とは別の、一つの学問領域になった。この学問が岩石学である。多くの場合には、岩石の構成鉱物は細粒だから、偏光顕微鏡を使わないと鑑定できない。そこで、偏光顕微鏡が一九世紀の後半に使われるようになってはじめて、岩石学は独立した一つの学問としての体裁を整えた。私は、岩石学は鉱物の社会学だと思っている。

ここで、賀川豊彦について述べたい。

賀川は一八八八年に生まれ、一五歳でクリスチャンになり、神戸神学校に在学中から神戸の貧民窟（スラム街）に住み着き、貧しい人びとのために救済活動を始めた。彼はキリスト教社会運動家であった。一九一四（大正三）年にアメリカのプリンストン大学に留学し、三年後に帰国して神戸のスラム街に戻り、無料巡回診療を始めた。こうして自分の志を日本各地、世界各地に発信した。

一九一七（大正六）年一〇月に、ロシア革命で社会主義国家が誕生し、日本にも影響を与えた。一九一八（大正七）年七月に米の値段が跳ね上がり、富山県魚津で米騒動が起きた。かねがね暴動を嫌い、民主的な労働運動の必要性を説いていた賀川は、兵庫県に対し、住民が酒を飲んで暴徒化しないよう、酒屋の警護を訴えていた。しかし神戸では、同年八月一二日夜、数千人の大群衆が雄叫びをあげて暴徒化し、米を買い占めていると新聞で攻撃されていた鈴木商店に押し寄せ、焼き打ちし、その火は鈴木商店をなめ尽くした。当時鈴木商店は、三井・三菱に並ぶ一大商社であった。

一九二〇（大正九）年に自伝的小説『死線を越えて』を出版した。この本は百万部の一大ベストセラーとなり、賀川の名を世間にひろめた。印税のほとんどは関与した社会運動のために投じられた。一九四七、四八年にノーベル文学賞候補になり、また、一九五四～五六年の三年間連続してノーベル平和賞候補にもなった。しかしいずれも、受賞には至らなかった。

賀川豊彦
（1888－1960）

この賀川の趣味は意外にも岩石学であった。賀川は火山噴火や地震災害のつづく日本列島において、マグマの活動の重要性を認識していた。そして、マグマの成因を探究する岩石学の発展と、自然災害に対する科学研究の発展を切望していたのである。

拙歌が朝日歌壇(一九九四年)に採歌(選者：近藤芳美先生)されたので、左記したい。

鉱物は群れてひとつの岩つくる

賀川豊彦が愛(め)でし岩石学

目 次

カバー短歌出典：諏訪兼位『歌集　サバンナをゆく』（恒人社）

第1章　水成論の師を超えて火成論へ

この章では、一三世紀後半から一九世紀はじめまでの、まだ岩石学が学問としての体裁をなしていなかった時代における地質学全般について述べたい。

鉱物学は、すでに一三世紀後半から学問らしい体裁をとっており、鉱山業や医薬業などと直接的な関係があった。ことに一六世紀に出版されたアグリコラの『デ・レ・メタリカ』は、美しい図版をたくさん載せて、ヨーロッパ諸国の知識人の間で、教養書として一八世紀末まで広く愛読された。後のアメリカ大統領フーヴァー夫妻がラテン語の原本を英訳した話は有名である。

一八世紀の終わり頃から一九世紀のはじめにかけて、ドイツ、フランス、イギリスなどで、地質学の活発な研究が行なわれた。一九七〇年より前の地質学史書では、水成論者のヴェルナー（ドイツ）は悪玉として攻撃され、火成論者のハトン（イギリス）は善玉として評価されていた。しかし、一九七〇年以後の研究によって、そのような見方は根本的に誤りであることが明らかになった。

ヴェルナーは、原始の地球は、あらゆる物質を融かし込んだ、全世界的な高温の海に覆われており、その物質が連続的に沈殿して、さまざまな岩石が形成されたと考えた。ヴェルナーは、鉱物学を地球の構成や歴史に結びつけようとし、地球の生成発展の壮大な理論体系を創り上げた。世界中の各国から多くの学生が集い、ヴェルナーの教えを受けた。そして、それぞれの国に帰った弟子たちは、ヴェルナーの学説（水成論）をひろめ、水成論にもとづいて地質調査を行ない、地質図を作っていった。調査の過程で、水成論ではどうしても説明できない事実が見つかってきた。すなわち、水成論では、玄武岩や花崗岩は、原始の地球の高温の海水から沈殿したと説かれていた。しかし、これらの岩石はマグマから地上に噴き出したり、マグマが地下で冷却・固結したと考えなければ説明できないことが、ヴェルナーの弟子たちによって明らかにされた。これが火成論の登場である。玄武岩は富士山や三原山では溶岩としてみられるし、花崗岩は日本列島にも、御影石として広く分布し、石材などに活用されている。

フランスでは、フランス革命を契機として地質学の研究が発展した。ことに、堆積岩の中の化石の種類にもとづいて地層を区別し、その重なり方の順序を明らかにする生層序学が発展した。そして進化論も誕生した。さらに、造山論（山脈の起源についての理論）も誕生した。こうしてフランスでは、生層序学にもとづく地史学と造山論が形成され、これに火成論が加わって、新しい経験科学としての地質学の体系ができた。

イギリスでハトンが火成論を主張したことはよく知られているが、イギリス以外のヨーロッパ諸国では、ハトンの研究はほとんど影響を与えなかった。また独学のスミスは丹念な調査によって、イギリスの地質図を作り、層序学に貢献した。しかしスミスの研究は、地史学や古生物学や地質学の業績にはならなかった。大著『地質学原理』の著者ライエルは、定常的地球観をもつ保守的な学者であった。ライエルの斉一説(現在進行中の地質過程と過去の地質過程とは同じであるという学説)は、イギリスでは認められたが、他のヨーロッパ諸国では認められなかった。若きダーウィンは五年間のビーグル号の航海中、ライエルの『地質学原理』を熟読し、新鮮な目で、大自然を観察し記述した。これが後に、進化論建設の基礎になった。

1　鉱物学の華麗な登場

アルベルトゥス・マグヌスは、ドイツ南部ラウインゲンで生まれた。一二世紀から一三世紀にかけて、アリストテレスの『自然学』がラテン語に翻訳されて、西欧ラテン世界に紹介されたが、アルベルトゥスはアリストテレスの注解書を著す仕事に積極的に取り組んだ。アルベルトゥスはアリストテレスの自然学を再構築すべく、当時知られていた石についての、さまざまな言い伝えなどを収集し、さらに鉱山などで観察したことや、錬金術的な実験など、アルベルトゥス自身の経験をも踏まえて、『鉱物論』全五巻(一三世紀後半)を独自に書き上げた。わが国では沓掛(くつかけ)俊夫によって、ラテン語の『鉱物論』が邦訳された。

　アルベルトゥスは鉱物界を「石」、「金属」と「中間物」の三つに分類して、それらの産状(産出されるところの状態)、産地や性質を記載し、その構成物質や成り立ち(成因)を論じている。さらに当時の建築用石材の利用法や、鉱山における採鉱や冶金技術についても述べている。アルベルトゥスの『鉱物論』では、ヘルメスが大錬金術師としてしばしば登場し、生き生きと描かれている。「宝石とは何か」の章では、宝石の医薬的な効能や護符としての効力について、かなり詳しく記述されている。「金属一般論」の章では、水銀が随所に現われる。水銀は他の金属と合金をつくり、ことに水銀を用いて、金や銀を抽出するアマルガム法は、古くから用いられていた。アルベルトゥスは、山塊の隆起について、地球内部から発散された蒸気が逃げ出そうとする力によって起こると考えた。また彼は、土のすきまを埋めて硬い岩石にする膠結(こうけつ)と呼ばれる作用を引き起こす、ねばねばした粘性のある泥は、水によって運ばれてきたと考えた。そして化石は海底ではなく、この膠結物の中で形成されたと考えた。

　ゲオルク・アグリコラは南ドイツのザクセンに生まれた。南ドイツは、一三世紀から一六世紀にかけて、世界の鉱山業の中心であった。ことに銀は、世界の総産額の約半分を産出していた。アグリコラは医師であったが、鉱山地帯に住んでいたので、鉱物学や鉱山学を勉強した。アグリコラは、鉱物学については、『石について』(一五四六年)という全一〇巻の書を著した。これは世界最初の体系的な鉱物記載書である。冒頭で述べたように、見事な鉱山・

冶金術の書『デ・レ・メタリカ』(一五五六年)を著したのもアグリコラである。日本では、科学技術史研究の先達三枝博音(さいぐさひろと)が、ラテン語の『デ・レ・メタリカ』を日本語に訳した。三枝は横浜市立大学学長の時、一九六三年一一月九日の国鉄鶴見線事故で死亡した。邦訳が出版されたのは死後の一九六八年のことである。また山田俊弘はアグリコラの仕事を、詳しく解説している。

2　ヴェルナーの体系的な地球生成発展史

一七、一八世紀になると、ドイツでは鉱物の化学的性質の研究が盛んになった。一八世紀のドイツの化学者たちは、温泉治療に関連して、温泉を研究していたので、温泉水からいろいろな鉱物が沈殿することを知っていた。一七六七年にドレスデンの西南、フライベルクの町に鉱山学校ができた。創設間もないフライベルク鉱山学校が、手塩にかけて育てあげたのがアブラハム・ゴットロープ・ヴェルナーであった。彼は一七六九年から一七七一年までフライベルク鉱山学校に学び、化学的鉱物学の伝統のなかで教育

ヴェルナー
(1749-1817)

された。そして一七七五年にフライベルク鉱山学校の教授になった。ヴェルナーの目標はもっぱら実用にあり、鉱物の分類を、色、外形、光沢、透明度、硬度、比重、香りといった外的特徴にもとづいて行なった。彼は生涯を通じて分類の仕事をつづけ、それを完全なものにしようと努めた。さらにヴェルナーは、鉱物学を地球の構成や歴史に結びつけようとした。彼はそれをゲオグノジー(岩相層序学)と名づけた。岩相層序学においては、鉱床とその重なり具合の考察が最も重要である。したがって鉱物の塊は、できる限りその重なりや相対年代の順序に応じて、配列され分類されなければならない。ヴェルナーの研究方法の中では、二つの関心事があった。第一は、鉱夫たちに地中の構造についての情報を与えるため、重なりの順序に従って岩層を分類し命名すること、第二はこの順序によって地層の相対年代を明らかにすることである。こうしてヴェルナーは、はじめて、鉱物学を地球の岩相層序学のなかに組み込み、地球についての一つの学問体系にした。

ヴェルナーは、鉱物学や地質学の素晴らしい講義をして、学生を魅了した。彼はドイツに蓄積されていた、鉱物学や地層の知識を十分にとりいれて、地球の理論の壮大な体系を組み立てた。ヴェルナーの名声は高まり、世界中から学生が集まった。鉱物学の著作(一七七四年)を出版したが、その著作は大成功を収め、彼の死まで版を重ねた。

ヴェルナーは、原始の地球はあらゆる物質を融かし込んだ全世界的な海に覆われており、その物質が連続的に沈殿して、さまざまな岩石が形成されたと考えた。その海面は時とともに低下して、山岳や陸地が現われ、現在に至ったと考えた。地球上に現在みられるすべての岩石は、その海のなかに沈殿堆積した堆積岩(水成岩)だと考えた。最も古い時代に堆積した岩石は、すべて化学的に沈殿したものであったが、後の時代になるほど陸地が広く現われてきたので、そこで風化と侵食が起こり、そうしてできた物質が流水に運ばれて、海底に堆積し、徐々に風化・侵食性の堆積岩の割合が増していった。さらに、海水の組成が時代とともに一定の方向に変化したために、化学的な沈殿でできた岩石の組成も、規則的に変化した。そこで、地球全体にわたって、同一の時代には同一の岩相層序が生じたと考えた。

ヴェルナーは地球上の岩石を、時代の古い方から順番に、原始岩層群、漸移岩層群、フレッ岩層群、沖積岩層群の四つの岩層群に大別した。原始岩層群は花崗岩、片麻岩、片岩、玄武岩などを含み、それらはすべて、原始大洋の水のなかから沈殿した化学的堆積物だと考えた。漸移岩層群は硬化した古生層であった。フレッ岩層群は中生代や新生代の砂岩、頁岩(けつがん)、石灰岩などの堆積岩層であった。沖積岩層群は以上に述べた岩層群の上にのっている、新しい砂や礫(れき)の層であった。柱状節理という柱状の割れ目が発達した玄武岩の岩体は、ヴェルナーによると火山岩ではなく、原始大洋から沈殿して生じた、巨大な六角柱状の結晶の集合体だったことになる。それぞれの岩層群の分布を地図上に表わすことによって、はじめて地質図を作ることができるようになった。ヴェルナーにとって、地層は堆積した時の配置を、そのまま保持したものであった。すなわち、地層の現在の順序は、堆積の順序と同じであった。

このように、地層が堆積後に混乱させられていないと仮定しているので、一連の地層が覆される(横臥褶曲(おうがしゅうきょく))こともなく、古い地層が新しい地層の上にのる(押しかぶせ断層)こともないと考えていた。

世界中からヴェルナーの下に集まって勉強した学生たちは、それぞれの国に帰って、彼の学説をひろめ、彼の学説にもとづいて地質調査を行ない、地質図を作った。ヴェルナーの学説は、世界的な地質学的調査・研究が始まるための、出発点となる作業仮説として、非常に有効であった。しかし、地質調査が進むにつれて、彼の学説に合わない事実が次第に見つかってきた。たとえば、玄武岩は原始岩層群だけにある岩石だと考えられていたが、やがてそのほかの時代の岩層群のなかにもあることが発見された。そこで彼らは、自分の観察に合うように、ヴェルナーの学説を変化させていった。

ヴェルナーの弟子であるドイツのアレクサンダー・フォン・フンボルトは、ヴェルナーの提唱する地層の順序を確立するために、南アメリカを踏破し、その足跡はアジアにまで及んだ。フンボルトは一七九二年から、すべての地表において原始岩層は走向と傾斜が同じであると見なしていた。当初はその原因を宇宙論的な事象に求め、物体を揺り動かした最初の引力に基礎を置く、極めて普遍的な原因が存在すると考えていた。しかし、後の一八二三年になって、山と同様、平原にも傾斜地層を発見したフンボルトは考え方を新たにした。そして山脈が出現したところは、平原にある火山の列と同様に、すでに存在していた傾斜地層の走

デマレ
(1725－1815)

ブッフ
(1774－1853)

向と平行に形成された亀裂からであろうと述べている。

フランスのニコラ・デマレは一七七一年に、同国のオーヴェルニュ高原の死火山の火口から、玄武岩質の溶岩流が流出して、遠距離まで流れていることを発見した。

同じく弟子であるドイツのレオポルド・フォン・ブッフはヨーロッパ全土を旅行して、多くの新しい観察を報告し、一八二四年にはドイツの地質図を作った。一八〇二年にオーヴェルニュ地方を探査したブッフは、地下にある玄武岩層が、石炭層の燃焼によって熱せられて融けて、火口から流出したという、水成論と矛盾しない説明を唱えた。ブッフは一八一五年にカナリア諸島の火山を調べた。その結果ブッフは、火山中央の部分だけが火山性のものであり、そのまわりの隆起した部分の起源は堆積によると考えた。ブッフは、隆起が断層に沿って起これば、真の山脈は形成されると考えた。

師ヴェルナーの理論を批判し、それに対抗する理論を築くことのできた、フンボルトやブッフのようなスケールの大きい優秀な弟子が育ったのは、ヴェルナーの大きな功績であろう。ヴェルナーは、化石について知らなかったので、地層が重なっている順序を明らかにする層序学としては、本質的に欠ける点があった。一九世紀になって、フランスで、層序学が化石の研究と結びつくことによって、はじめて本当の意味の地史学が成立したのである。

ヴェルナーの弟子の一人に、詩人のノヴァーリス(本名:フリードリヒ・フォン・ハルデンベルク)がいた。ノヴァーリスは、フライベルク鉱山学校で一七九七年から一七九九年にかけて一年半学んだ。ノヴァーリスは、ドイツの初期ロマン派を代表する詩人であったが、地質学や鉱山学にも造詣が深く、代表作の『青い花』には、鉱山、鉱物や結晶についての記述が、全編にわたって美しくちりばめられている。

3 フランス革命とフランス地質学の発展

経験科学としての地質学は、一九世紀のはじめの三〇年間に、まずフランスで形成された。地球の歴史を明らかにするための基礎として、生層序学が必要である。生層序学は、化石の種類にもとづいて地層を区別し、その重なり方の順序を調べる学問である。生層序学をつくったのは、フランスのジョルジュ・キュヴィエとアレクサンドル・ブロンニャールであった。フランス革命(一七八九〜九九年)の最中の一七九三年に、革命政府は、もとの王立博物館やそのほかの学術機関を再編成して、パリに国立自然史博物館をつくった。キュヴィエとブロンニャールは、その博物館の職員であった。彼らはヴェルナーの直接の弟子ではなかったが、ヴェルナーや彼の弟子たちの著作を読んでいて、その影響を強く受けて研究を始めた。

彼ら二人は、パリ盆地の第三紀層の層序と、そのなかに含まれている化石とを調べた。そのなかには、淡水性動物の化石を含む地層と、海棲動物の化石を含む地層とがあって、交互に繰り返し重なっていた。そこでこの地方は、何回も陸上になったり、海底になったりしたのだと考えた。

フランス以外のヨーロッパ諸国でも、層序や化石が調べられるようになった。そして古い化石生物の消滅と、新しい化石生物の出現が、どこでも同じ順序で起こっていることがわかってきた。そこでキュヴィエは、世界的なスケールで、古い生物種が死滅し、新しい生物種が出現したと考えるようになった。

ブロンニャールは洞察力に富んだ学者だった。一八二九年に『地殻を構成する岩層目録』という本を書いたが、その中で、地質時代を、我々の大陸が多少とも海に覆われていた「土星期」と、大陸が現在の広がりをもつに至った「木星期」の二つの時期に分けることを提案した。

キュヴィエは生物種は安定したものだと信じていて、進化による変化を認めなかった。彼と同じ国立自然史博物館にいたジャン＝バティスト・ラマルクは、地球上の生物の変化は進化によって起こったのだろうと考えた。進化論をはじめて体系的に唱えたのはラマルクであった(一八〇九年)。ラマルクは進化論で、人間は動物に由来すると主張したので、信仰至上主義者たちを傷つけた。そのうえ、ラマルクの進化論のなかには、動物は自分の力でより高い状態へ進む能力をもち、それを子孫に伝えるという考えが含まれていた。労働者階級の指導者たちは、この考えを、社会の階級関係の固定化を否定するものとして、喜んで受け入れた。貴族や僧侶の支配に反抗して、社会経済的改革を望む出版物のなかで、ラマルクの進化論はよく引用された。貴族や僧侶はラマルクの説を、社会秩序を乱すものとして嫌った。

生層序学にもとづく地史学と並んで、一九世紀の地質学の中心部を構成したのは、造山論であった。造山論は山脈の起源についての理論である。

ヴェルナーは、アルプスやアンデスのように大きく高い山脈は、地球の歴史の最も古い時代にできたもので、そのまま現在まで残っている原始山岳だと考えていた。一九世紀のはじめになると、パリ盆地の第三紀層のなかの化石と同じ化石が、アルプスの高いところからも発見されるようになったので、そのような高い山脈でさえ、新しい地質時代にもできうるのだと考えられるようになった。

ヴェルナーの弟子のブッフは、一八一五年にカナリア諸島の火山をみて、地下の高温で溶融した物質であるマグマが、土地を押し上げて作ったのだと考えた。後にこの考えを一般化して、アルプスのような山脈でも、地下のマグマの力で押し上げられてできたのだと考えるようになった。これが隆起火口説である。たいていの山脈の中軸部には花崗岩体が露出しているから、その花崗岩のマグマが押し上げるのだと考えた。ブッフはこの隆起火口説を立てるようになってはじめて、玄武岩や花崗岩の水成論を最終的に放棄し、それらがマグマの冷却・固結によってできたとする火成論者になった。有名なブッフが水成論を放棄したという噂はヨーロッパ全土に伝わり、水成論が完全に放棄されるようになる機運を高めた。

火成論が優勢になった一八二〇年頃、次第に化学も発展し、温泉の水のなかから炭酸塩物質は容易に沈殿するが、普通の条件では、玄武岩や花崗岩をつくるケイ酸塩物質は、極めてわずかしか水に溶けないことが明らかになった。そこで、地球上に大量に存在する花崗岩や玄武岩などが、水のなかから化学的に沈殿したと考えるのは難しいことがわかってきた。また、地球の内部で石炭層が燃焼して、局地的な高温を出して、玄武岩層を融かすこともできないことがわかってきた。燃焼には酸素が必要なことが示されたからである。そして、地球の内部は高温であることが次第に確定的になり、これも火成論を支持した。

パリ鉱山学校教授のエリー・ド・ボーモンは、一八

二九年にフランスの地質図を作製した。そして同じ年に、地球上には四つの造山期があると考えた。一八三三年には、地殻の変化が起これば、現在我々が生活している平穏な時期が、新しい造山期の出現によって乱されるだろうと考えた。大地が揺るぎないものでないことは、地震が起こることでもよくわかると述べた。ボーモンは地球の冷却を信じ、冷却によって生じた収縮のために、地殻の断裂が生じたと考えていた。そして、山脈の方向を大変重視していた。彼は地球上の生物種の死滅は、四つの造山期に起こったと考えていた。

以上述べたように、一九世紀のはじめに、主としてフランスで、生層序学にもとづく地史学と造山論が形成され、さらに火成論が確立したので、新しい経験科学としての地質学の体系ができた。すなわち、重なり合っている地層のそれぞれには、特有な化石が含まれており、地球上の生物種は時代とともに変化し、地球上には海陸の変化が繰り返し起こり、大きい山脈のなかには、新しい時代にできたものもある、といった地質学の根本的な考え方が確立したのである。

4　エジンバラのハトン

イギリスのジェームズ・ハトンはスコットランド人であった。若い時に医学の勉強に励み、二三歳の時にライデン大学で博士論文の審査をパスした。人間というミクロコスモスにおける血液の循環を取り扱った学位論文の体系は、物質の循環に依拠するハトンの地質学の体系と相通ずるものがあった。彼は学位を得たあと、イングランドで農場経営法を学び、スコットランドに帰って農場を経営して成功した。財産ができたので、一七六七年末に農場経営をやめて引退し、エジンバラに戻り、学問に専念した。ハトンが不在だった二〇年の間に、エジンバラは一介の中世の町から、ヨーロッパで最も近代的な町へと生まれ変わっていた。ハトンはエジンバラ大学で地質学・化学・農学・哲学などを学び研究に励んだ。また、化学者のジョゼフ・ブラック、蒸気機関のジェームズ・ワット、経済学者のアダム・スミスなどと交友を深めた。ブラックは二酸化炭素を分離して、大気がさまざまな気体から成り立っていることを発見した。そしてブラックの実験室で研究していたワットは、実用的な蒸気機関を発明した。アダム・スミスはデイヴィッド・ヒュームの親友として、彼の哲学を活用しつつ『国富論』を書いた。

ハトンの考えでは、川の流れによって海に運ばれた土壌は、海底に堆積して地層をつくり、その地層は地下の熱の作用によって硬くなり、さらに押し上げられて陸地になる。そして、その新しい陸地の表面で風化・侵食が始まり土壌ができるという、侵食と堆積と

隆起のサイクルが無限に繰り返される。こうして、地球上では陸地が海になり、海が陸地になるような変化が起こるが、地球全体としてみると、いつも陸地と海とが存在し、本質的には同じような状態がつづくと考えたのである。

ハトンは花崗岩も玄武岩も火成岩だという考えを、一七八八年に発表した。ハトンはスコットランドのカーンスモア山やティルト峡谷で、花崗岩の脈が、まわりの変成岩を貫いていることを見つけた。ハトンは花崗岩がマグマであった時に流動して、まわりの岩石を貫いたために生じたのだから、花崗岩の火成岩説の証拠になると考えて、大変喜んだ。しかし、花崗岩の脈が他の岩石を貫くのを、水成論者たちは昔から知っていて、それは岩石の割れ目に水が流れ込んで、花崗岩を沈殿させたのだと考えていた。したがって、ハトンの発見は、火成岩説の証拠としては、当時一般には受け入れられなかった。

またハトンは、一七八七年にアラン島やエジンバラ東方の海岸などで「不整合」を見つけた。この不整合な面より下の地層は急角度に傾いているが、その上にのっている地層はほとんど水平であった。これは下の地層が海底に水平に堆積して、次にそれが傾斜して押し上げられて陸地になって、その表面が侵食されて不整合面ができ、次にそこがまた沈降して海底になって、新しい地層がその上に水平に堆積し、さらにそれが押し上げられて、今日みられるような陸地になったことを示している。すなわち、一つの地点が海になったり陸になったりするという、ハトン説を支持する直接的な証拠であって、これは重要な発見であった。

しかし、ハトンは地球の歴史には興味がなかった。不整合の発見も、それを陸地の昇降の証拠としてのみ注目しただけであって、同様な観察を重ねて、地球の歴史を明らかにしようとは考えなかった。

ハトンは、溶融した花崗岩が上昇すると、海底に堆積した地層は圧縮され、褶曲し、隆起し、山脈として陸上に出現し、次にそれは侵食の作用を受けると考えた。しかし、そのような理論の証拠となる二つの観察(花崗岩の貫入と不整合)の記録は、同時代人には、一七九四年に発表された短い論文によってしか示されなかった。詳しい記述は著書『地球の理論』の第三巻でなされることになっていたが、それは一八九九年まで手稿のままであった。

一八世紀末のヴェルナーの水成論は、地球の歴史が一定方向へ向かって不可逆的に進行することを主張したが、この考えは一九世紀の地質学に受け継がれ、造山論の主流では、地球の冷却と収縮が歴史的に進行することによって造山運動が進行すると考えられた。

一九七〇年より前の地質学史書では、水成論者のヴェルナーは悪玉として攻撃され、火成論者のハトンは善玉として評価されていた。ヴェルナーに対する攻撃は、地質学者チャールズ・ライエルに始まり、アーチボルド・ゲーキーによって増幅された。しかし、一九八〇年以後のモット・グリーンやレイチェル・ローダンらの研究によって、そのような見方は根本的に誤りであることが明らかになった。イギリス以外のヨーロッパ諸国では、ハトンの研究は、ほとんど影響を与えなかった。

5　層序学の父　独学のスミス

イギリスにおいて、本格的な地質図を、最初に作ったのはウィリアム・スミスであった。スミスは一八一五年に『イングランド、ウェールズおよびスコットランドの地質図』を出版し、地層のつながりを明確に示した。

スミスは鍛冶屋の息子として生まれた。八歳の時に父親を失い孤児になったが、非凡な才能のおかげで、土地測量技師の助手になり、地層の見方を身につけ、二二歳の時に、地質断面図の書き方や彩色法を習得することができた。そして二四歳で独立し、土地測量技師として、イングランド各地で炭鉱の坑道を調べ、石炭運搬用の水路工事に携わり、地質学的な知識を蓄積していった。この労働の過程で、地層が広い地域にわたって、一定の順序で重なっていることを発見し、各々の地層には、一定の化石が出現することを知った。

こうしてスミスは地層と化石の対応表を作成し、それによって、離れた地域の地層を、その化石によって同一視し、イギリス全土の地層を対比して、一八一五年に地質図を作製した。そして一八一六年に『生物化石によって同定された地層』と題する小著を著し、ジュラ紀から第三紀までの岩層について、一七の層準とそれぞれに固有な動物相のリストを明らかにした。この功績によって、スミスは「層序学の父」と呼ばれている。スミスが一人で作った地質図は素晴らしかったので、ロンドン地質学会は、一八三一年にウォラストン・メダルを制定し、第一回受賞者としてスミスを選んだ。

しかしスミスは、ロンドン地質学会の会員ではなかった。当時のロンドン地質学会は、かなりの財産をもつ、上流および中流の紳士たちが、地質学的な趣味について語る同好会であった。教育もなく、紳士でもなかったスミスは、ロンドン地質学会の会員にはなれなかった。

当時フランスでは、キュヴィエとブロンニャールがパリ盆地の化石の研究を行ない、一八一五年に『パリ周辺のゲオグノジー地図』を出版し、キュヴィエは一八二五年に『地表革命論』を発表するなど、生層序学的研究が花開いていた。イギリスのスミスは、体系的な観察者ではあったが、地層がどのようにして形成されるかを、ほとんど考えなかったし、地層から地球の歴史を読み取るということは思いつかなかった。スミスの研究は、孤立した偉大な層序学的業績ではあったが、地史学や地質学や古生物学の業績にはならなかった。

6　保守的な地質学者ライエルの斉一説

地質学者ライエルは、スコットランドにあった父の広大な領地で生まれた。少年時代を南イングランドの別邸で過ごし、野原で昆虫を採集しながら観察した。オックスフォード大学で法律を学び、弁護士を志したが、ウィリアム・バックランドの地質学や鉱物学の講義をき

ライエル
（1797－1875）

いて魅了された。一八一九年にロンドン地質学会の会員となり、アマチュアとして地質学の研究を開始した。ライエルは弁護士の資格をとったが、弁護士の仕事を嫌って、一八二七年に弁護士をやめ、その後は地質学に専心するようになった。

一八二八年夏、ロデリック・マーチソンと一緒に、オーヴェルニュ地方を歩き回り、薄層からなる淡水成層に特に関心を抱いた。そして、一ミリメートルより薄い層が一年間の堆積でできたとすると、全体の層（二三〇メートル）が形成されるためには、数十万年が必要であることに気付いた。

自然で進行している過程は過去も現在も同じであるとする斉一説をはじめて唱えたのはハトンであった。ライエルは斉一説を徹底させ、それに反する考えを一切認めず、それを地質学の根本原理だと主張した。

ライエルは有名な『地質学原理』（初版全三巻、一八三〇年、一八三二年、一八三三年）を著した。この本は、斉一説の立場から地質学を再編成し、それに対して読者を説得しようとする本であった。現在の地球上に起こっている侵食、堆積、隆起、火山作用、地震などの過程をよく研究することが、地球の過去を解明するための鍵になり、現在の地球上にみられないような種類の過程が、過去の地球上に起こったと仮定してはいけないと主張した。

一八三一年一二月、若きチャールズ・ダーウィンは、世界一周に向けて旅立つために、ビーグル号にナチュラリストとして乗船した。荷物の中には一年前に出版された『地質学原理』の第一巻が収められていた。著者のライエルは、ダーウィンの植物学の先生であった。ダーウィンは五年間の船中で『地質学原理』を熟読した。

ライエルは斉一説を生物にまで拡張した。地層のなかに出てくる化石の種類が、地層の堆積した時代とともに変化することは、キュヴィエの発見によって確立されたが、ライエルは、それは新しい生物種が地球上のあちらこちらに一つずつ出現し、またそれと無関係に一つずつ死滅するために起こるのだという、漸次説を主張した。多数の種がある時に、一斉に死滅する大量絶滅をライエルは否定した。さらに彼は、生物の進化を否定した。新しい地質時代ほど、高等な生物が現われたとか、生物の身体が複雑になったといったことはないと主張した。ライエルは、地球上の無生物界についても、生物界についても、一定方向へ向かう歴史的変化を否定し、定常的地球観をもっていた。

ライエルは地主であり、紳士であり、貴族層と密着していた。したがって、ラマルクの進化論を好まなかったのである。ライエルは『地質学原理』の第二巻の最初の四つの章で、ラマルクの進化論を否定し、生物種の不変を主張した。ライエルはフランスへの旅で、ラマルクの進化論を支持する学者のなかには、危険な革命思想を支持する人もいることを知った。

ライエルはパリで一八三〇年の七月革命の市街戦を見た。そういう社会的騒乱がイギリスへ波及することを怖れた。ゲーキーは、その著『地質学の建設者たち』(一八九七年)で、ライエルを冷静に見て、ライエルの斉一説はイギリスでは認められたが、他のヨーロッパ諸国では認められなかったと述べている。

更新世(洪積世ともいう。第四紀の前半で約二五八万年前から約一万年前まで)に、地球上の北半球の広大な面積を、厚い大陸氷河が覆っていたという事実は、ライエルが『地質学原理』の初版を書いた時代には、まだ知られていなかった。その事実は、一八四〇年頃、スイスのルイ・アガシーらによって、中部ヨーロッパで発見され、当時の世界を驚かせた。ライエルはアガシーの氷河時代説に反対していたが、一八五八年になって、やっと氷河時代説を認めた。

地球の表面が、少しずつ長い期間上昇しつづければ山になる。これが、山の起源についてのライエルの斉一説であった。しかしライエルの説は、山脈の地層が激しく褶曲したり、たくさんの大規模な断層を生じたりすることを説明しない。したがって、アルプスなどの大きな褶曲山脈を見なれた、ヨーロッパ大陸諸国の地質学者たちは、ライエルの説をほとんど相手にしなかった。当時の造山論の主流をなしていたのは、ブッフの隆起火口説やボーモンの造山期(山脈系)説であった。

第2章　火山から噴き出す岩石

火成作用（マグマの活動）によってできる岩石を火成岩と呼んでいる。火成岩は火山岩と深成岩とに分けられる。火山岩はマグマが地上で急激に固結したものであり、深成岩はマグマが地下でゆっくり冷却し固結したものである。この章では火山岩の研究史について述べたい。火山の噴火は溶岩の噴出だけではない。高温の火砕流も大変重要である。

一九世紀の火成岩成因論では、アルカリ岩石区や亜アルカリ岩石区の概念が提唱された。また一九世紀後半に偏光顕微鏡が登場し、ドイツに岩石学の黄金時代が訪れた。

二〇世紀の初頭には、本源マグマとその結晶分化作用が論じられた。さらにアメリカのボーエンが実験岩石学的研究を開始し、反応原理を提唱した。ボーエンは本源マグマを玄武岩質のものと考え、その分別晶出作用によって、火成岩の多様性を説明した。

その後イギリスのウェイジャーらは、グリーンランドのソレアイト質斑れい岩の分化作用を詳細に解析した。久野久（くのひさし）は日本列島の火山帯の分布について、マグマ発生がマントル内部の深度に依存して、カルクアルカリ岩・ソレアイト・高アルミナ玄武岩・アルカリ岩の配列が生ずることを説明した。安山岩質マグマの発生も多角的に論じられた。
戦後、高温だけでなく、高圧での実験岩石学的研究が発展し、野外研究の成果を支援した。

1 ローマ神話の鍛冶屋の神様

火山はボルケーノ(volcano)と呼ばれるが、この名は、ローマ神話の鍛冶屋の神ウゥルカーヌス(Vulcānus)に由来している。ウゥルカーヌスの仕事場は、現在の地中海エオリエ諸島のヴルカーノ火山の地下にあり、火口から噴出する火や煙は、この神の吹子(ふいご)から噴き出すものと考えられた。このことは、地中海文明の開花時には、エトナ、テラ、ヴルカーノ、ストロンボリをはじめ多くの火山が、この地域で活動していて、人びとの生活に直接かかわりがあったことを示している。

西暦七九年、イタリア半島中部のベスビオ火山の大噴火は、ポンペイとエルコラーノの町を全滅させたが、噴火の経過が客観的に記された、最古の例として有名である。この噴火は二日間つづいた。当時ナポリ湾の対岸に滞在していた、ローマ海軍の艦隊司令官であり、博物学者でもあった、大プリニウスは、艦隊をひきいてポンペイのそばのスタビエに上陸して、住民を救出中に火山からの煙のため、海岸で急死したという。その間の経緯を甥の小プリニウスが詳しく記述した手紙が残っている。この噴火は、短時間に大量の軽石や火山灰を爆発的に噴出したのが特徴で、この型の噴火様式を、大プリニウスにちなんでプリニー式噴火と呼んでいる。この噴火はほぼ一日の間に約二・六立方キロメートルの軽石や、スコリアという暗色の石を噴出し、それらは風下に降下した。そのため、火口から一三キロメートル離れたポンペイの町は、平均七メートルの軽石層で埋められ、再発見されるまで、何世紀もの間忘れられていた。

一八世紀に入って、イタリアの活火山を中心に、火山の詳しい記述が出版されるようになった。フランスのオーヴェルニュ地方の火山の観察も行なわれ、今は活動していない火山も、イタリアの活火山と同様の噴火活動で生じたのではないかと言われるようになった。ジョージ・スクロープは、火山学的術語として「マグマ」という語をはじめて提唱した。彼がマグマから放出されるガスの膨張が、火山の噴火の原動力であると強調したのは、重要な指摘であった。

一九世紀の終わりから二〇世紀はじめにかけて、博物学としての火山学は急速に充実し、噴火や火山のすぐれた記述が多数現われた。ダーウィンのビーグル号航海の際の海洋火山についての記録、ジェームズ・デーナのハワイ火山、アルフォンス・スチューベルのエクアドルやコロンビアの火山、フェルディナン・フーケのサントリーニ火山についての、それぞれの記載や、ロジェ・フェアビークやジョン・ジュッドによる一八八三年のクラカタウ火山の大噴火、アルフレッド・ラクロアやテンペスト・アンダーソンとジョン・フレッツによる一

ラクロア
(1863-1948)

九〇二年のモンプレー火山やスフリエール火山の噴火の詳しい記録などが、その代表的なものである。

一九〇二年のマルチニク島のモンプレー火山の噴出の時に発生した火砕流は、発泡の程度の低い、高温の本質(同じマグマから放出された、という意)火山物質からなる、小規模の火砕流であった。ラクロアは一九〇四年に、これを熱雲と呼んだ。熱雲はデイサイト(石英安山岩)ないし安山岩質のマグマに特徴的である。

モンプレー火山(一九〇二年、一九二八~三二年)、スフリエール火山(一九〇二年)、浅間火山(一七八三年)、メラピ火山(一九三〇年)など、当時の文献に多くの熱雲の例が知られている。

火山学は著名な大噴火の研究を通じて、飛躍的に進歩してきた。一九〇二年のモンプレー火山の噴火を契機として、フランク・ペレーとトーマス・ジャガーの二人は火山学の研究に身を投じた。ペレーは一九〇六年のベスビオ火山の噴火と一九二八~三二年のモンプレー火山の噴火を詳しく記述した。ジャガーは、一九一一年にハワイのキラウェア火山の山頂に火山観測所を創設し、一九四一年まで所長をつとめ、その期間、キラウェア火山の山頂火口の活発な活動を観測した。

日本では、一九二八年に阿蘇火山、一九三三年に浅間火山、一九六〇年に桜島火山、一九

大森房吉
(1868−1923)

松本唯一
(1892−1984)
86歳

六三年に霧島火山、一九七七年に有珠火山などに大学の火山観測所が作られた。大森房吉は、一九一〇年の有珠火山の噴火を主に地震学的方法で観測し、一九一一〜一四年の浅間火山の爆発的噴火や一九一四年の桜島大噴火を研究し、定量的な連続観測の基礎を築いた。さらに、日本列島の各火山についての地質学的・岩石学的研究も着実に行なわれてきた。小藤文次郎(ことうぶんじろう)は震災予防調査会において、火山地質の調査を指導した。近年では、荒牧重雄によって、一七八三年の浅間火山噴火の実態が明らかにされ、浅間火山の地質学的研究が展開された。

松本唯一(ただいち)は、一九四三年に、九州に四つの巨大カルデラがあることを明示した。阿蘇カルデラを構成する噴出物は、戦後、阿蘇溶結凝灰岩と総称されるようになり、大規模な火砕流の産物であると解釈されるようになった。火砕流の噴出のあと、巨大カルデラの沈落が起こり、それにつづいて中央火口丘群が形成された。鹿児島湾の北部の姶良カルデラでは平坦なシラス台地が形成され、シラスの下には溶結凝灰岩が存在する。桜島火山は、姶良カルデラの中央火口丘群の一つである。九州の火山については、戦後、松本徰夫、荒牧重雄、柳哮、宇井忠英、中田節也らが研究を発展させた。北海道の火山については、松本唯一と交流のあった石川俊夫、湊正雄、勝井義雄らが研究を発展させた。

杉村新は構造地質学的および地球物理学的考察を進め、日本列島の火山を総合的に研究し、日本の火山帯を、東日本火山帯（千島－東北日本－マリアナ）と西日本火山帯（九州－琉球）の二つにまとめるべきことを提唱し、火山帯の東の縁には火山が密集しており、境界が比較的明瞭に引けるので、「火山フロント」と呼ぶことを提唱した。

【火砕流】 高温の火砕物質とガスの混合物が、地表を流動する現象が火砕流である。溶結凝灰岩は、高温の火山灰が互いに溶結した火砕流によって生ずる。

【シラス、カルデラ】 シラスは非溶結の火砕流堆積物である。カルデラは輪郭がほぼ円形の火山性の凹地のことである。火山の中央火口やカルデラの内部の小型の火山を中央火口丘と呼んでいる。

---

2 火成岩とマグマ

一九世紀のはじめ頃までは、組成の異なる火成岩は、それぞれ、それらに相当するマグマが独立的に存在して、それらが固結したものだと考えられていた。

火成岩はお互いに成因的に無関係のものでなく、その間に類縁関係があるという考えは、イギリスのスクロープやダーウィンの時代に始まった。

当時の岩石の研究は、もっぱら肉眼やルーペによって行なわれていた。ようやく、岩石の化学分析が行なわれるようになり、火成岩の化学組成も次第に明らかになった。

一九世紀後期になると、化学の領域でヤコブス・ヘンリクス・ファントホッフ、スヴァンテ・アレニウス、ヴィルヘルム・オストワルトらの研究活動によって溶液化学が進歩してきたので、岩石学者の間では、マグマが冷却されてどのように変化していくかという問題を、溶液化学の問題として取り扱おうという考えが起こってきた。

ジュッドは一八八一年に、同一の地域の同時代の火成岩は、組成・組織上に、ある共通の特徴をもっており、同時代の他の地域の火成岩と区別できると考えた。このように、ある共通の特徴をもった岩石の分布によって画された地域を表現するために、岩石区という言葉を提唱した。

ジョセフ・イディングスは一八九二年に、岩石区をアルカリの含有量に応じて大別して、アルカリ質と亜アルカリ質とに分けることができるとし、その地球上における分布をある程度明らかにした。

アルフレッド・ハーカーは一八九四年に、イギリス湖水地方のカーロック・ヘルの斑れい岩の餅盤(へいばん)(ラコリス)を調査し、周縁部が内部よりも塩基性なことを明らかにし、このような分化は、マグマが結晶作用をすることに関連して生じたものと考えた。すなわち、斑れい岩質マグマがその周縁部において、まず塩基性な組成の結晶を生じ始めると、その部分の残液中に、塩基性な組成が乏しくなり、内部は酸性になると説明した。一九〇九年になると、彼はこの結晶分化作用が、最も重要な作用であるという考えに傾いていった。

【火成岩の分類】 マグマが冷却され、固結してできた火成岩のうち、冷却が地表近くで急激に起こったものを火山岩と呼び、地下深くでゆっくり冷却されたものを深成岩と呼ぶ。

【火山岩】 火山岩はケイ酸の量によって、玄武岩・安山岩・デイサイト(石英安山岩)・流紋岩などに分けられる。すなわち、ケイ酸の量が四五〜五二パーセントのものを玄武岩、五二〜六六パーセントのものを安山岩、六六〜七〇パーセントのものをデイサイト、七〇パーセント以上のものを流紋岩と呼んでいる。

【深成岩】 深成岩でも同様で、ケイ酸の量が四五パーセント以下のものをかんらん岩、四五〜五二パーセントのものを斑れい岩、五二〜六六パーセントのものを閃緑岩、六六〜七〇パーセントのものを花崗閃緑岩、七〇パーセント以上のものを花崗岩と呼んでいる。

【塩基性岩、酸性岩、アルカリ火成岩】 ケイ酸の量が四五パーセント以下の火成岩を超塩基性岩、四五〜五二パーセントの火成岩を塩基性岩、五二〜六六パーセントの火成岩を中性岩、六六パーセント以上の火成岩を酸性岩と呼んでいる。アルカリ(酸化ナトリウムと酸化カリウム)量の多い火成岩をアルカリ火成岩、少ない火成岩を非アルカリ火成岩と呼んでいる。

【餅盤】 岩体の上面がお供え餅のように上に膨らみ、底は平らな調和的貫入岩体を餅盤(ラコリス)と呼ぶ。

【結晶分化作用】 マグマの結晶作用によって起こる分化作用を結晶分化作用と呼ぶ。晶出分化作用や岩漿分化ともいう。

3 偏光顕微鏡の登場とドイツの黄金時代

エジンバラ大学の物理学者ウィリアム・ニコルは、一八二九年に偏光プリズムを発明した。ニコルは、あるプリズムが、ある一定の方向に振動する光しか通さないことに気付き、いろ

ツィルケル
(1838－1912)

ローゼンブッシュ
(1836－1914)

いろな偏光プリズムをつくり、極めて薄い板（薄片）にした岩石や鉱物をその間にはさんで観察した。ニコルを記念して、偏光を得るためのプリズムや偏光板を〝ニコル〟と呼んでいる。このあと、ヘンリー・ソービーは、薄片観察の重要性に気付き、一八五八年に岩石・鉱物・結晶の微細構造について研究した。

　ニコルとソービー、この二人のイギリス人の成果に学び、偏光顕微鏡を近代的な武器として、当時の岩石学や地質学に応用したのは、ドイツのフェルディナント・ツィルケルやハインリヒ・ローゼンブッシュなどであった。彼らは数多くの岩石の薄片をつくり、それを観察して、鉱物の光学的性質を明らかにしたり、岩石の分類を行なったりした。彼らの博物学的な分類欲は熱烈で、膨大な仕事を行ない、偏光顕微鏡による岩石記載学の黄金時代をドイツに築いた。世界中から多くの学生が集った。若き日にドイツに学んだラクロアは、一八九三年にパリの国立自然史博物館の教授となり、記載鉱物学の大著全五巻(一八九三〜一九一三年)を著し、ピレネー山脈の花崗岩の、詳細な記載を行なった。

日本の地質学の父といわれる小藤文次郎もドイツで学んだ一人である。小藤は、一八八〇(明治一三)年一〇月にドイツ留学に旅立ち、ツィルケル教授に師事し、一八八四(明治一七)年四月に帰国した。小藤の下宿はツィルケル先生のお宅の近くであった。ある夜就寝しようと思った小藤は、ツィルケル先生のお部屋の明かりがまだ点いていたので、先生より先に寝るようでは駄目だと、自らを鼓舞して勉強に励んだ。ドイツ留学中に完成した「日本産数種岩石の研究」で博士号を取得した。この論文はロンドン地質学会誌に発表された。小藤は、東京大学に戻ってから、偏光顕微鏡による岩石記載学を日本にひろめた。

4　火成岩のもとになるマグマの結晶分化作用

いろいろなマグマの起源となったマグマを本源マグマという。このあとの第5節に登場するノーマン・ボーエンは、本源マグマは玄武岩質マグマであると考えた。

ハーカーはマグマの変化の問題を、岩石の動き、すなわちテクトニクスの問題と関連して考察した。火成岩の二つの大きなグループの一つ、アルカリ性グループは、主として大西洋地域、インド洋地域などに分布するのに対し、もう一つのグループである亜アルカリ性グル

デイリー
(1871－1957)

ハーカー
(1859－1939)

ープは主として太平洋地域に分布する。ハーカーは岩石域という語を用い、大西洋域と太平洋域に分け、その各々は、さらにいくつかの岩石区からなると考えた。ハーカーは、このような差異は、本源マグマと呼ばれる誕生したばかりのマグマの組成の差によって生ずるのではなく、それぞれの地域における構造運動の性質の違いによって支配されていると考えた。

レジナルド・デイリーは、本源マグマの組成は玄武岩質のものであると考えた。すなわち、㈠玄武岩質の岩石は、大陸の諸地域にも、また海洋地域にも、また時代的にも、火成岩のなかで最も普遍的なものである。㈡玄武岩の組成は、極めて均一である。

しかし、デイリーは本源マグマとして玄武岩質だけを考えたのではなく、そのほかに、かつては花崗岩質（酸性）のものもあったと考えた。すなわちデイリーは、先カンブリア時代（地球誕生後、約五億四二〇〇万年前まで）早期の花崗岩の多くは、酸性の本源マグマから直

ホームズ
(1890－1965)

ヘス
(1906－1969)

接導かれたものであり、それ以後の時代の酸性岩は、そのような花崗岩が再溶融したものと考えた。

デイリーは、大陸地域では、地層の最上部は堆積岩層よりなり、その下に始生代（約四〇億年前〜約二五億年前）の花崗岩質殻が広く分布し、その下に結晶とは異なる非晶質の玄武岩質物質が厚く存在すると考え、玄武岩質マグマは、そのような場所から直接導かれたものと考えた。

アーサー・ホームズは、太平洋内部域には、玄武岩に伴って、粗面岩などのアルカリ岩質火山岩は存在するが、酸性（花崗岩質）の岩石はほとんど存在しないから、酸性岩は玄武岩質マグマの分化物ではなく、シアル（ケイ素とアルミニウム）質地殻の再溶融によって生じたと考えた。クラレンス・フェンナーなども、酸性岩を玄武岩質マグマの分化物とする考えに反対した。

また、ホームズやドリス・レイノルズ（ホームズの妻、エジンバラ王立協会の最初の女性フェロー）やハリー・ハモンド・ヘスらは、ある種の超塩基性岩やアルカリ岩の源として、初生的超塩基性マグマというべきものが存在すると考えていた。

5 巨人ボーエンと実験岩石学事始め

一九一〇年頃から、アメリカのワシントンにあるカーネギー研究所地球物理学実験所の研究者であるアーサー・デイ、ユージーン・アレン、ジョージ・モーレイ、ノーマン・ボーエン、ジョゼフ・グレイグ、エルンスト・アンダーソン、フェンナーらによって、ケイ酸や種々のケイ酸塩を含む、さまざまな化学系の平衡関係についての実験的研究が行なわれるようになった。これらの研究の大きな特徴は、これまでの研究のように天然の鉱物や岩石を用いるのではなく、純粋な人工的な材料を用いたことと、実験の際の条件を厳密にしたことである。ボーエンは、これらの実験の結果得られた、ケイ酸塩溶融体に特有な性質と、天然の岩石で観察された事実とを結びつけて、マグマは結晶作用の時に、結晶と液との間に、種々の反応関係を示す反応系であると考えた。晶出する結晶と残液との間に、種々の程度に分別が起こり、その結果、反応の進行の程度に差異を生ずる。このことが、マグマの分化作用の最も本質的に重要な原因であると主張した。そしてこれを、反応原理と呼んだ。また、マグマの結晶作用において、晶出した結晶が残液から分別されて、残液の総化学組成が変化する結晶作用のことを、分別晶出作用と呼んだ。この原理は現在の火成岩成因論の根本となっている。

たとえば、斜長石系の結晶作用では、結晶と液との反応が進むにつれて、結晶はカルシウムに富んだものから、ナトリウムに富んだ組成まで連続的に変化する。このような結晶系列をボーエンは、連続反応系列と呼んだ。

一方、マグネシウムかんらん石－ケイ酸系において、かんらん石は液と反応して、かんらん石とは不連続的に、組成の異なるプロトエンスタタイトを生ずる。このような反応関係にある鉱物の対のいくつかが一連の系列をなす時に、ボーエンは不連続反応系列と呼んだ。この系列での鉱物の組成変化は段階的である。

マグマから晶出する鉱物には、マフィック（マグネシウムや鉄を主成分とする）鉱物よりなる一つの不連続反応系列と、斜長石－アルカリ長石よりなる一つの連続反応系列が存在すると考えられる。両系列は互いに独立して結晶作用を継続するが、最後には両者は合体して一つの系列になるかのようである。この関係をボーエンは**表1**のように表現した。不連続反応系列に属する各鉱物種は、それぞれ独立した連続反応系列を形

表１　反応系列（Bowen（1928）より引用）

不連続反応系列	連続反応系列
かんらん石	カルシウム斜長石
↓	↓
マグネシウム輝石	カルシウム－ナトリウム斜長石
↓	↓
マグネシウム－カルシウム輝石	ナトリウム－カルシウム斜長石
↓	↓
角閃石	ナトリウム斜長石
↓	
黒雲母	
↘	↙
カリ長石，白雲母，石英	

成する。

玄武岩質マグマから早期に晶出したかんらん石、輝石が沈降集積すれば、かんらん岩を形成する。ケイ酸塩溶融実験の結果によれば、かんらん岩の組成に相当する液は、通常のマグマの温度よりも、かなり高温でなければ存在しない。ところが、かんらん岩貫入岩体と母岩との接触部を見ると、このような高温の証拠はない。以上から、ボーエンはかんらん岩の組成のマグマは実在しないと考えた。

ボーエンの説によれば、花崗岩も玄武岩質マグマの分別晶出作用によって生成する。しかし分別晶出作用では、晩期のマグマほど量が少なくなっていくはずである。ところが花崗岩は、地球上で玄武岩についで多量に存在する岩型であるから、これだけの量を生ずるには、莫大な量の玄武岩質マグマを必要とする。ボーエンは、花崗岩底盤の下部には、莫大な量の斑れい岩などのマフィックな岩石が存在するが、侵食がこの深さまで及ばないので、我々の目にはふれないのだと説明した。

同一の成因系統に属する一連の火成岩において、分化に伴う化学組成の変化を見やすくするために、変化図（**図1**）が用いられる。変化図では通常、横軸にケイ酸の量を、縦軸にその

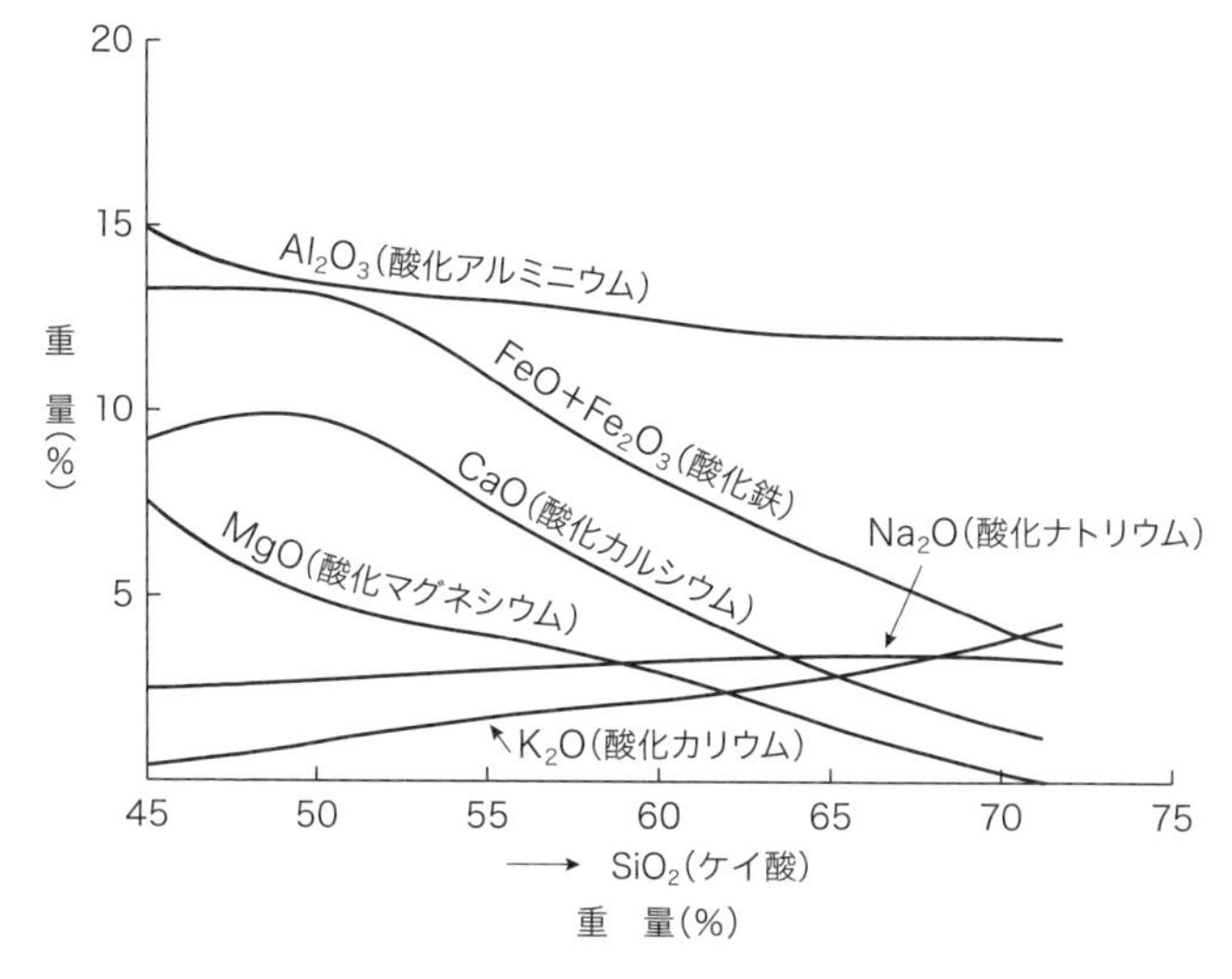

図1 変化図(久野(1976)より引用)
スコットランドのムル島の台地玄武岩(左側), 無斑晶玄武岩(左中央), 輝石安山岩(中央), 流紋岩(右側)の火山岩の平均化学組成の変化図.

他の酸化物の量をとる。ケイ酸は分化が進むほど増加するので、分化の進行程度を示す尺度と考えられる。ケイ酸が増すとともに、酸化アルミニウム、酸化鉄、酸化マグネシウムは減少してゆき、酸化ナトリウム、酸化カリウムは増加する。酸化カルシウムは早期に一度増加し、ケイ酸が四九パーセントになるあたりで減少し始める。これはこの時、カルシウムとマグネシウムを含む透輝石またはオージャイト(普通輝石)の晶出が始まり、急にマグマから多量の酸化カルシウムが取り去られるためである。

【分別晶出作用】　マグマの結晶作用において、結晶がメルト（液相）から沈下や浮上によって分別されたり、あるいはメルトが結晶粒間から分離して、残液の総化学組成が変化する結晶作用。マグマの分化作用の最も重要な原因と考えられている。

【無色鉱物、有色鉱物】　火成岩を構成する鉱物のうち、明色の鉱物を無色鉱物といい、暗色の鉱物を有色鉱物（マフィック鉱物）という。無色鉱物は石英、斜長石、カリ長石など鉄を含まない鉱物であり、有色鉱物はかんらん石、輝石、角閃石、雲母など鉄を含む鉱物である。

【輝石】　輝石は玄武岩質マグマからかんらん石につづいて晶出する鉱物である。カルシウムに富む輝石を透輝石といい、カルシウムを含まない輝石を斜方輝石（エンスタタイト）という。カルシウムを若干含む輝石がオージャイト（普通輝石）やピジョン輝石である。紫蘇輝石は鉄を含む斜方輝石である。

6　ボーエン以後の火成岩成因論の展開

神津俶祐（こうづしゅくすけ）は、造岩鉱物の加熱実験に傾倒し、実験岩石学の基礎を確立した。一九〇五（明治三八）年に東京帝国大学地質学科を卒業し、一九一二（大正元）年東北帝国大学講師となって

神津俶祐
(1880－1955)

八木健三
(1914－2008)
64歳

欧米に留学した。新しい物理化学的な岩石の成因論に興味をもっていたので、留学先も、アメリカのカーネギー研究所地球物理学実験所などを選んだ。一九一六(大正五)年に帰国し、東北帝大理科大学教授に就任した。そして一九二一(大正一〇)年に、物理学および化学に基礎を置く、岩石鉱物鉱床学教室を創設した。アルカリ長石の加熱X線の研究は、その手段の新しさと結果の素晴らしさで、世界的な注目を浴びた。一九二八(昭和三)年に、日本岩石鉱物鉱床学会を創り、初代会長に就任した。同学会は現在、日本鉱物科学会と改称され、ますます発展している。

神津は多くの学生を育てた。そのなかの一人、八木健三は、一九三八(昭和一三)年に東北帝大岩石鉱物鉱床学科を卒業し、一九四九(昭和二四)年から二年間、第一回ガリオア奨学生としてアメリカに留学し、地球物理学実験所の研究員として、フランク・シャイラーと共同で、二価の鉄を含むケイ酸塩系の相平

シャイラー
(1904 − 1970)

ヨーダー
(1921 − 2003)
52歳

衡の研究を行ない、さらにハットン・ヨーダーも加わって、透輝石－霞石系の実験的研究を行なった。一九六二（昭和三七）年に北海道大学教授となって、実験岩石学の研究に力を注ぎ、アルカリ輝石の晶出過程におけるチタン元素の役割を解明した。八木の趣味はスケッチであった。八木はフィールド調査や旅行の時など、常にスケッチブックを持ち歩き、短時間のうちに、素晴らしいスケッチを描きつづけた。描きためられたスケッチブックは数百冊に及んだ。

坪井誠太郎は、一九一七（大正六）年に東京帝大地質学科を卒業し、一九二一（大正一〇）年から一九二三（大正一二）年にかけて欧米に留学した。一九二二（大正一一）年春、ワシントンの地球物理学実験所ではじめてボーエンに会った。坪井は同実験所に四カ月滞在し、所員の巡検にも参加した。帰国後は、岩石学講座を担当した。坪井の講義は、不合理を許さない厳密さと、透徹した論理に裏打ちされ、情熱を傾けたものであり、多くの学生に深い感銘を与えた。坪井は一九三二（昭和七）年に、名著『火成岩成因論』（岩波講座　地質学及び古生物学、鉱物学及び岩石学）を公刊した。この本が日本の学生・研究者に与えた影響は大きかった。この本は、ボーエンの名著『火成岩の進化』の核心をなす反応原理を十分に咀嚼、丁寧に解説し、日本の実例を挙げて説明したものであった。

坪井は歓談を好んだ。「鹿児島の新聞記者はおもしろいですね。一九二六（大正一五）年、パリ大学のラクロア教授を案内して、桜島火山を訪れました。ラクロア教授が私（坪井）に英語で質問されるのを、少し離れたところから、新聞記者たちはじーっとみているのです。質問が一段落すると、記者連中は私に、質疑応答の内容を熱心に尋ねます。私が説明すると、連中はみんな必死になってメモをとるのです。そんなことが何回か繰り返されました。さて翌日の新聞をみて驚きました。第一面に写真入りででかでかと出ました。フランスの高名な火山学者ラクロア教授は、流暢なフランス語で、記者たちに次のように述べたのであると冒頭に書き、つづいて私が説明したことを、そっくりそのまま書き連ねているのです。まるで自分たちが直接きいたかのように。ラクロア教授と私はフランス語を一切使っていません。ただただ驚きました」

一九三三年に、ウィリアム・クアリアー・ケネディは、二種類の本源玄武岩質マグマがあると主張した。一つはかんらん石玄武岩質マグマ型と呼ぶもので、この玄武岩はかんらん石に富み、その輝石はカルシウムに富む種（透輝石）であり、微細な結晶である石基の間にアルカリ長石が存在するのが特徴である。このマグマの分別晶出作用によって、粗面岩・フォノライトなどのアルカリ岩系を生ずる。他の一つはソレアイト質マグマ型と呼ぶもので、これに属する玄武岩はかんらん石に乏しく、輝石はカルシウムに乏しい種（ピジョン輝石）である。石基の間隙には石英・アルカリ長石より成るグラノフィアー（文象斑岩）質物質が存在するのが特徴である。このマグマの分別晶出作用によって、安山岩・流紋岩などのカルクアルカリ岩系を生ずる。

かんらん石玄武岩質マグマ型は、地球表面の至るところに存在するのに対し、ソレアイト質マグマ型は、大陸に限って存在する。隠岐島のアルカリ火山岩の研究で著名な冨田達（とおる）（後に九州大学教授）や杉健一など多くの学者は、この産状を重要視して、ソレアイト質マグマ型は、かんらん石玄武岩質マグマ型が、大陸塊を作る花崗岩またはシリカ質堆積岩を取り込んで同化した結果生成するものと考えるようになった。なお冨田は一九二七年から一九三二年

ウェイジャー
(1904－1965)

ディーア
(1910－2009)

までの六年間、隠岐島のアルカリ火山岩の研究成果二〇編を精力的に地質学雑誌に発表しつづけた。当時世間では中里介山の『大菩薩峠』が好評であった。冨田の精力的な研究発表は、地質学界の「大菩薩峠」と言われて、大きな注目を浴びた。

一九三九年にローレンス・ウェイジャーとウィリアム・ディーアによる画期的な論文が発表された。彼らはグリーンランド東海岸にあるスケアガード斑れい岩貫入岩体の分化作用を研究した。この岩体の本源マグマはかんらん石を含むソレアイト質玄武岩である。マグマから晶出したかんらん石、輝石、石灰質斜長石は、岩体の下部に沈降集積して、見事な成層構造を形成し、岩体の上部に行くにつれて、分化の晩期を代表する岩型が出現する。この本源マグマの分別晶出作用によって、マグマ中では次第に酸化マグネシウム、酸化カルシウムが減少し、酸化鉄が増加し、ケイ酸はやや減少し、アルカリはわずかに増加していった。すなわちマグマ中では、酸化マグネシウムに対する酸化鉄の割合が増加すると同時に、酸化鉄の絶対量も増加してゆき、決して石英・長石分の多い組成にはなっていかない。この傾向は、最初のマグマの約九八パーセントが固化するまで継続し、最後の二パーセントが結晶化する間に、マグマ中には急激に酸化鉄が少なくなり、ケイ酸とアルカリが増加し、最後の残液(本源マグマの一パーセント)は花崗岩質の組成になり、この液が酸性岩で

あるグラノフィアーの細脈として固結した。

一九五〇年にセシル・ティリーは、ハワイ諸火山の玄武岩類を研究した。最初にかつ最も多量に噴出している溶岩は、ソレアイト質マグマ型に属するもので、それにつづいて、少量のかんらん石玄武岩質マグマ型が噴出している。前者が本源マグマであって、後者は前者から導かれたものと考えた。

久野久は、箱根地方の火山岩には、成因を異にする二系統のあることを認め、一つをピジョン輝石質岩系、他をハイパーシン質岩系と呼んだ。前者は玄武岩からデイサイトに至るまでの、各種岩型を含んでおり、各岩石の石基輝石は、オージャイト(普通輝石)またはピジョン輝石であって、斜方輝石は含まれない。後者は玄武岩から流紋岩に至るまでの、各種岩型

を含んでおり、石基輝石として斜方輝石が存在し、ピジョン輝石は存在しない。

ハイパーシン質岩系中にはケイ素、アルミニウム、ナトリウム、カリウムに富むフェルシック火成岩源の外来結晶（斜長石、石英）が含まれていることもあるので、ハイパーシン質岩系は、本源マグマが花崗岩質岩石（または砂岩、頁岩(けつがん)）による混成作用を受け、かつ分別晶出作用を行なった結果、生成したものであると考えた。

ピジョン輝石質岩系には、混成作用の行なわれた形跡はなく、この岩系は、本源マグマから分別晶出作用によって生成したものである。ピジョン輝石質岩系では、玄武岩または玄武岩質安山岩が圧倒的に多量に出現し、デイサイトは極めて少ない。分別晶出作用による岩系ならば、晩期の液（デイサイト）ほど少量しか存在しないはずである。ところが、ハイパーシン質岩系では、安山岩、デイサイトが最も多量である。

久野久
(1910－1969)

久野は一九四一年七月に、突然陸軍に召集され、直ちに北満州に送られ、高射砲隊上等兵として過ごし、その後、一九四四年九月に、関東軍司令部地質調査隊の一員となり、南満州の海城で、ペグマタイト（巨晶花崗岩）中のウラン鉱物の探査・研究・開発に従事した。一九四五年二月頃までに、ウラン精鉱三トンないし四トンを、日本内地に送ることができた。終戦直後に、地質調査隊員二五名全員は、関東軍司令部から出ることを黙認されたので、大手を振って軍から出てきた。ソ連軍の捕虜にならずに済んだのは、まことに幸運であった。一九四六年八月末に、一般の人びとに混じって、満州から帰国することができた。一九四九年に私は久野の自宅を訪問した。久野は生命の危険を感ぜずに、平和な環境で研究生活を送ることのできる幸せを、しみじみと私に語った。

一九六九年七月二一日、アポロ一一号の月面着陸の際、NHKテレビ中継の解説役として久野は出演した。病魔(胃癌)におかされて痩せ細った久野の姿は痛々しいものであった。直後の八月六日、久野は五九歳の生涯を閉じた。現職の東大教授として、あまりにも早い旅立ちであった。

【ソレアイト、カルクアルカリ】 非アルカリ火成岩は二つの岩系に大別される。マグマの分化作用によって、ケイ酸の量は次第に増えてゆく。この時、酸化鉄の量が急激に増加する岩系をソレアイト質岩系と呼ぶ。逆に酸化鉄の量が減少する岩系をカルクアルカリ岩系と呼ぶ。

【かんらん石】 かんらん石はMg_2SiO_4組成の鉱物であり、玄武岩質マグマから最初に晶出する鉱物である。

7　玄武岩質マグマの発生の高温高圧実験

一九五〇年にティリーはハワイ諸島で、最も多量に噴出している溶岩はソレアイト質玄武岩であることを明示し、ソレアイト質玄武岩は決して花崗岩を融かし込んだ結果生成するのではないと結論した。そしてティリーは、ソレアイト質かんらん石玄武岩質マグマから、早期に斜方輝石が晶出して、アルカリかんらん石玄武岩質マグマを生成したと主張した。

しかし久野久は、ハワイ火山岩を顕微鏡で観察し、アルカリかんらん石玄武岩質マグマおよびその分化生成物は、かなり後期まで、かんらん石とオージャイト(普通輝石)とが並行して晶出し、早期にも晩期にも斜方輝石の晶出した証拠はないことを明示した。そして、両玄武岩質マグマの成因の違いは、マントルのかんらん岩の部分溶融時の圧力差、すなわち深さの差によると考えた。すなわち、ソレアイト質マグマは、マントル上部の比較的浅い部分で部分溶融によって生じ、アルカリ玄武岩質マグマは、マントルの比較的深い部分で部分溶融によって生じたと考えた。

一九五九年に久野は、日本列島に分布する多くの玄武岩を、顕微鏡観察と化学分析値にもとづいて分類し、ソレアイト質玄武岩の分布する地域と、アルカリ玄武岩の分布する地域とに分けた。そして一九六〇年に、ソレアイト質玄武岩とアルカリ玄武岩の中間的性質をもつ、

和達清夫
（1902—1995）
87歳

高アルミナ玄武岩を識別し、その分布域を加えた。

日本列島（とくに東北日本）の太平洋に近い地帯では、マントル上部の比較的浅い部分で、ソレアイト質玄武岩質マグマが発生し、日本海に近い地帯では、マントルの比較的深い部分で、アルカリ玄武岩質マグマが発生する。中間型の高アルミナ玄武岩質マグマは、両者の中間の深さで発生する。すなわち、玄武岩質マグマの発生する場所は、太平洋側から日本海側に向かって次第に深くなる。

一九三五年と一九五四年に和達清夫は、日本列島の下のマントル内で発生する深発地震の震源の深さが、太平洋側で浅く、日本海側に行くに従い、次第に深くなることを明示した。これは和達・ベニオフゾーンと呼ばれている。久野は、深発地震帯と本源マグマの発生とが機構的に何らかの関係をもっていると考えて、モデルを提示した。

水の存在する条件下では、ソレアイト質マグマは、マントル上部の、深さ六〇〜一〇〇キロメートルのかんらん岩の溶融で生じ得る。

ヨーダーとティリーは一九六二年に、マントル上部で発生する本源マグマは、かんらん石ソレアイト質マグマであり、このマグマが低圧下で分別晶出作用を行なえばソレアイト質マグマを生じ、このマグマが高圧下で分別晶出作用を行なえばアルカリ玄武岩質マグマを生ずることを明示した。

【マントル】 マントルは地殻の下にある、深さ約二九〇〇キロメートルまでの固体層である。地球の全体積の八三パーセントを占める。

【部分溶融】 岩石が高温度で溶融し始め、液と結晶とが共存する状態となる現象を部分溶融という。部分溶融で生じた液は、その岩石の組成のマグマにくらべ、晶出作用のより後期に相当する組成をもつ。部分溶融が進むにつれ、岩石の組成に近づき、全溶融になると岩石の組成に等しくなる。玄武岩質マグマは、マントル内のかんらん岩の部分溶融によって生ずる。

8　安山岩質マグマの発生と混合

地球上に存在する安山岩のうち、最も大量に存在するのは、カルクアルカリ岩系の安山岩である。この安山岩は造山帯に特徴的に存在する。

一九五九年にエルバート・オズボーンは、玄武岩質マグマが分別晶出作用を行なう時に、酸素分圧が高いと、カルクアルカリ岩系の安山岩やデイサイトや流紋岩のマグマを生ずることを明らかにした。一方、分別晶出作用の時に、酸素分圧が低いと、ソレアイト質岩系の分化を生ずることを明らかにした。

一九七五年にビョルン・マイセンとアーサー・ベッチャーは、酸化カルシウム、酸化マグネシウム、酸化ナトリウム、酸化アルミニウム、ケイ酸を含む系において、深さ約五〇キロメートルの地下で、かんらん岩組成の物質が水の存在下で部分溶融すると、カルクアルカリ安山岩質の液を生ずることを示した。

一九七九年と一九八一年に柵山雅則は、カルクアルカリ安山岩には、複数の異なる温度、化学組成、鉱物組成をもったマグマが混合したことを示すと思われる証拠が、頻繁に認められると主張した。すなわち、㈠マグネシウムに富むかんらん石と石英などとの非平衡な鉱物の組合せ、㈡通常、マグマの結晶分化作用ではできない、逆累帯構造(周縁部のほうが高温で安定な組成となる構造)を示す斑晶、㈢組成的に非平衡な斑晶の共存、㈣組成が二つのピーク分布を示す斑晶、㈤融食を受けた組織をもち、それがいったん不安定になったことを示す斑晶、などの証拠である。

柵山は一九八四(昭和五九)年八月一〇日、アイスランド巡検中に遭難死した。三二歳の若さであった。将来を嘱目されていた前途有為な若い学究の死は残念でならない。

安山岩に相当するケイ酸の量をもちながら、酸化マグネシウムを多く含む火山岩のなかに

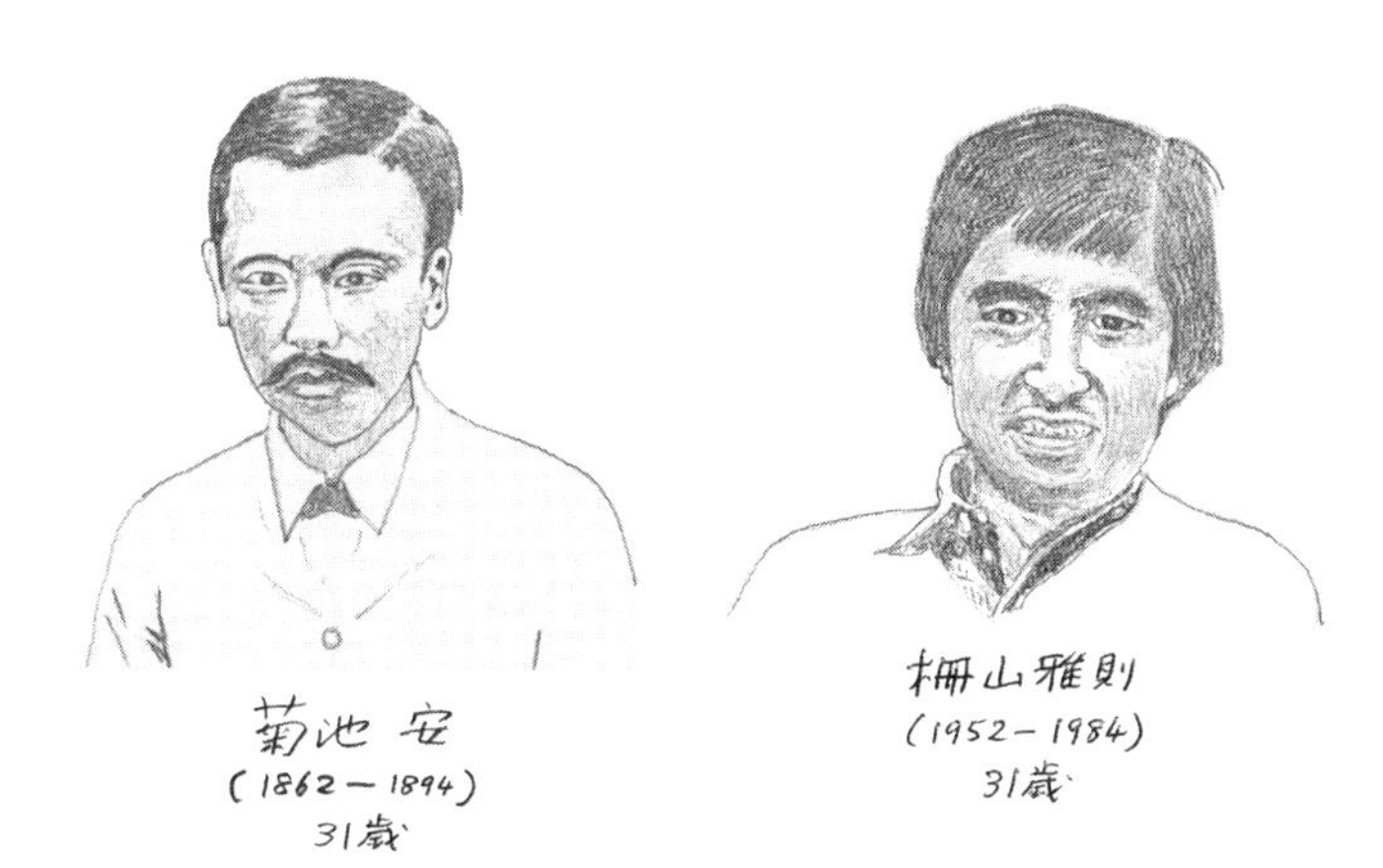

は、そのマグマが初生的に生成されたと考えられるものがある。その代表例が、小笠原諸島に産する無人岩（ぶにんがん）や、瀬戸内沿岸の讃岐岩である。

無人岩は菊池安が一八八七（明治二〇）年の父島の調査で発見した岩石である。菊池は驚くべき正確さで岩石を記載し、後に白木敬一、黒田直（なおし）、浦野隼臣（はやおみ）らによって、菊池の研究が本質的に正鵠を得ており、無人岩が世界に例のない、極めて特異な火山岩であることが再確認され、一躍世界中の注目を集めた。無人岩の特徴とは、斑晶鉱物としてかんらん石、単斜エンスタタイト、斜方輝石やクロム鉄鉱などを含むが、斜長石は認められないことである。そして他にも、酸化アルミニウム、アルカリ元素、アルカリ土類元素や希土類元素に極めて乏しいなどの特徴がある。枯渇したマントルかんらん岩に、沈み込むスラブ（マントル中に沈み込んだ海洋プレート）由来の流体が付加して、高マグネシウム安山岩質マグマが生じたと考えられる。

讃岐岩は、かんらん石、斜方輝石、角閃石、単斜輝石、斜長石などの斑晶を少量含んでいる。かんらん石は異常に酸化ニッケルに富むものがあり、全岩化学組成はニッケルやクロムに富んでいる。実験岩石学的研究では、水が存在する場合には、比較的低圧条件下でのマントルの部分溶融で、高マグネシウム安山岩質マグマが生成する。

一九八一年に巽好幸と石坂恭一は、瀬戸内の高マグネシウム安山岩質マグマは、一三〇〇万年前の限られた時期に活動していたことに注目した。この時代、日本海の拡大に伴い、西南日本周辺の上部マントルは、異常に高い地温勾配であった。さらに、沈み込むフィリピン海プレート自身も形成して間もなく、若くて高温であったと推定されている。これらの条件が整って、沈み込んだ堆積物の溶融が、ある限られた時期に起こったと考えられている。

第3章 マグマが地下で固結した岩石

第2章で述べたように、火成作用（マグマの活動）によってできる岩石を火成岩と呼ぶ。火成岩は深成岩と火山岩とに分けられる。深成岩はマグマが地下でゆっくり冷却し固結したものであり、火山岩はマグマが地上で急激に固結したものである。第3章では深成岩の研究史について述べたい。

花崗岩は火成岩か、それとも変成作用を受けてできた変成岩か？　この激しい論争は一九四〇年代末に頂点に達した。花崗岩の成因解明のために、牛来正夫は斜長石双晶法を提唱した。さらに、同位体地球化学的研究や実験岩石学的研究が発展した。オーストラリアの学者による花崗岩の新しい分類法が提唱され、石原舜三による磁鉄鉱系列とチタン鉄鉱系列の分類法も提唱された。また、西南日本外帯の第三紀花崗岩体のように、花崗岩はしばしば火山岩類を伴い、火山・深成複合岩体を形成する。この章の前半では花崗岩の成因をめぐるさまざまな発展を取り上げる。

オフィオライトは異地性（生成された場所から移動してきた岩石）の塩基性岩体である。プレートテクトニクス説が始まり、熱い国際的な論争がつづいたことにも触れる。カーボナタイトには噴出する火山岩と、地下で固結する深成岩とがあるが、マントル深部で生成されるので、この章で取り上げた。キンバーライトも地上に噴出する火山岩と、地下で固結する貫入岩とがあるが、マントル深部で生成されるので、この章で取り上げた。カーボナタイトとキンバーライトは筆者の研究テーマの一つであった。最近、ダイヤモンドよりももっと硬い、天然のナノ多結晶ダイヤモンドがシベリアの隕石孔から発見された。

これまで天文学の研究対象だった月の研究は、現在、岩石学の研究対象となった。この章の最後に久城(くしろ)育夫の研究を紹介する。

1　マグマ論者と変成論者

二〇世紀の前半には、花崗岩についていくつかの疑問が挙げられた。

㈠火山岩のなかで、地球上に最も多量に出現するのは玄武岩である。弧状列島や大陸縁では、最も多い火山岩は安山岩である。一方、地球上に最も多量に出現する深成岩は花崗岩である。花崗岩は玄武岩・安山岩にくらべて、はるかに酸性の岩石であり、長石や石英に富んでいる。火山岩も深成岩も、同じようにマグマの固結によってできる火成岩であるならば、なぜこのような組成上の違いが現われるのだろうか？

㈡花崗岩質マグマが、多くの火山岩と同じように、玄武岩質のマグマの分化によってできるとすれば、早期に晶出した鉱物が集合した、塩基性や超塩基性の深成岩が多量にできるはずである。しかしそういう塩基性・超塩基性の岩石は、ごくわずかしか花崗岩には伴っていない。

㈢花崗岩体の多くは非常に巨大である。もし周囲の岩石を押しのけて、空間をつくったとするならば、周囲の岩石の構造に、その跡が強く残っているはずである。しかし、その巨大な空間から期待されるほどの、構造の著しい乱れは生じていない。

マグマが、その上に屋根をつくっている岩石を破砕して、自分のなかに取り込んで融かしたり、自分のなかを通して、下方へ沈降させたりして、次第に上に空間をつくりながら、上昇するのだという説があり、この機構をマグマストーピングと呼んでいる。屋根になっていた岩石の破片が花崗岩体のなかに見つかることがあるが、その量は少なく、とても、巨大な花崗岩体の空間を説明するのには足りない。そこで、花崗岩体の位置に、前にあった堆積岩や変成岩が、変成・交代作用を受けて花崗岩体はできるのではないかと考える人びとが出てきた。

ゼーダーホルム
(1863〜1934)

ヤコブ・ゼーダーホルムは一九〇七年に、地殻の中の既存の堆積岩や片麻岩や花崗岩が地下の深所に持ち込まれると加熱されて溶融し、花崗岩質マグマを生ずると考えた。そして、地殻のかなり広い範囲にわたる溶融を、アナテクシスと呼んだ。

アナテクシスの場合、岩石を構成する物質は、ある一つの温度で一度に融けてしまうわけではない。かなり広い温度範囲にわたって、固相と液相とが共存する。その液相の部分が固相から分離し集まって、花崗岩質マグマを生じ、あとには融けなかった岩石が残される。このように、岩石のなかの融けやすい成分だけが融ける部分溶融を、ペンティ・エスコラは差別的アナテクシスと呼んだ。

堆積岩起源の変成岩が交代作用を受けると、花崗岩によく似た片麻岩を生ずることがある。そのような変成作用が進めば、花崗岩自身もできるかもしれない。このような過程を花崗岩化作用と呼び、花崗岩化作用の主張者を変成論者という。花崗岩は火成岩であるとするマグマ論者と変成論者との間に論争が始まり、それは一九四〇年代の後半に頂点に達した。

一九三〇年代中頃までの花崗岩化作用を論じた人たちは、ガス、水溶液あるいはマグマが、花崗岩質マグマから流れ出してきたり、あるいは地下深部から上昇してきて、それが既存の岩石に滲み込んで交代作用を行ない、花崗岩化作用を起こすと考えていた。このような流体の作用によって起こる花崗岩化作用を、湿性花崗岩化作用と呼ぶ。

しかし、一九三〇年代の末頃、熱情的な変成論者の大部分は、液体の作用を否定した。すなわち、花崗岩化作用を起こす物質は、イオンや簡単な分子の状態に分かれて、岩石を構成する結晶粒の内部を通ったり、または粒間の境界面に沿って、拡散によって移動するのだろうと考えた。このような機構によって起こる花崗岩化作用を、乾性花崗岩化作用と呼ぶ。ノルウェーのハンス・ラムバークは変成論者のなかの急進派であったが、最も体系的な物理化学的な形に自説を仕上げた。

一九五〇年代に入ると、花崗岩問題に対する一般的興味は減退してきた。一九五〇年代の中頃までには、熱狂的な論争の時期は終わってしまった。

牛来正夫は、各種の火成岩や変成岩中の斜長石の双晶法式を、精力的にUステージ（顕微鏡のステージに載せて結晶軸の角度を測る道具）を用いて決定した。アルバイト式双晶などのように、火成岩・変成岩を問わず普遍的にみられる双晶をA双晶、カールスバド式双晶やアルバイト・カールスバド式双晶などのように、火成岩に限ってみられる双晶をC双晶、無双晶の斜長石をUとそれぞれ名づけた。そして、日本の花崗岩類について、変成岩と密接に伴い、変成条件下で形成されたと考えられる花崗岩は、C双晶を示す斜長石をほとんど含まないが、火成貫入的な花崗岩には、C双晶を示す

斜長石が、かなり多量に含まれていることを明らかにし、花崗岩の成因論に、C双晶の出現頻度の統計的研究が有効であると論じた。

一九六八(昭和四三)年秋、第一〇次南極観測隊員の吉田勝が、南極出発の挨拶に訪れた折に、牛来は「白い雪原の上に、黒い隕石が転がっておれば目立つだろう。隕石を土産に持ってきなさいよ」と言った。この牛来の言葉が南極観測隊による隕石の発見につながり、今日の南極隕石研究の国際的発展につながった。

牛来は一九三四(昭和九)年に東京高等師範学校理科三部博物科に入学し、杉健一教授の指導を受けた。二年生の時に、坪井誠太郎の『火成岩成因論』を読み、強い感銘を受けた。一九五一(昭和二六)年のアメリカ鉱物学会誌に、斜長石双晶法式の豊富なデータを揃えた牛来の論文が掲載された。この研究は国際的にも高い評価を受け、牛来の名を世界の岩石学界に知らしめた。

牛来は高名な岩石学者であったが、大学では万年助教授として長い間冷遇された。東京教育大学の廃学直前の一九七八(昭和五三)年三月一日に教授になったが、同年三月末廃学に伴い退職した。わずか一カ月の教授在職であった。

【広域変成作用】 広域的な構造運動(たとえば海洋プレートの沈み込みにひきずられて、深い場所に埋め込まれる運動）を受けた岩石が、幅数百キロメートル、長さ数千キロメートルという広い範囲で変成作用を受けることがある。これを広域変成作用という。広域変成作用は造山運動の主役である。片麻岩は広域変成作用によってできた高変成度の粗粒な縞状岩である。有色鉱物に富む黒色縞と、無色鉱物に富む白色縞からなる、縞状構造がみられる。

2　花崗岩成因論と同位体

一九五〇年以後の同位体地球化学の発展は、岩石学上の多くの問題に新しい光を投じた。花崗岩質マグマが地殻のなかで生じたのか、それともマントルで生じたのか、混成作用を受けたのかどうか、マントルの歴史などの解明に寄与した。

造山帯の花崗岩類は、成因の最もわかりにくい、岩石群の一つである。すなわち、次のようなものがある。

㈠マントルでできた、玄武岩質マグマの結晶分化作用の残液として、花崗岩質マグマを生じた。

㈡地殻深部の堆積岩が部分溶融して、花崗岩質マグマを生じた。

㈢大陸地殻深部の古い花崗岩が、再溶融して花崗岩質マグマを生じた。

(四)大陸地殻深部の堆積岩が、変成作用や交代作用を受けて、花崗岩質マグマを生じた。
グンター・フォーレとジェームズ・パウエルは一九七二年に、大陸地殻のなかの比較的フェルシック(ケイ素、アルミニウム、ナトリウム、カリウムに富む。石英、長石、準長石などがあり無色である)な岩石のストロンチウムに対するルビジウムの平均的な比を〇・一八と見積もった。そのような岩石のストロンチウム八六に対するストロンチウム八七の比は、時とともにかなり急速に増加する。ある岩石が、今から二五億年前に上部マントルから分離してできたとき、当時の上部マントルと同じこのストロンチウム八七の比(〇・七〇八)をもっていたと仮定すれば、その比は現在は〇・七一九になっているはずである(図2)。

フォーレとパウエルは、花崗岩質岩石のなかでも、マグマが固結してできたと考えられる岩石について、岩石全体を用いたアイソクロン(放射壊変をする親核種と娘核種の含有量の関係の変化を示す曲線。アイソクロン上の二つの異なる測定点を得れば固相の晶出した年代が求められる)によって決められたストロンチウム八六に対するストロンチウム八七の初生比の測定値だけを選び出し、その比とその岩石の貫入固結の年代とをプロットした(図2)。

花崗岩の約半分は、この初生比が〇・七〇二〜〇・七〇六くらいの低い値を示している。これらの花崗岩は、上部マントルからできた物質によってできたものと考えられる。

花崗岩の約二〇パーセントは、平均大陸地殻の線の周辺に落ちる。これらの花崗岩は、貫入固結よりも古い時代に、すでに大陸型地殻の構成岩石として、ストロンチウムに対し高いルビジウムの比をもっていた物質からできたのであろう。大陸地殻の岩石が、花崗岩化作用を受けて花崗岩になったと考えられる。

そして、花崗岩の約三〇パーセントは、マントル源と考えられるもの(五〇パーセント)と、平均大陸地殻(二〇パーセント)との中間のものである。これは、大陸地殻のなかで、ストロ

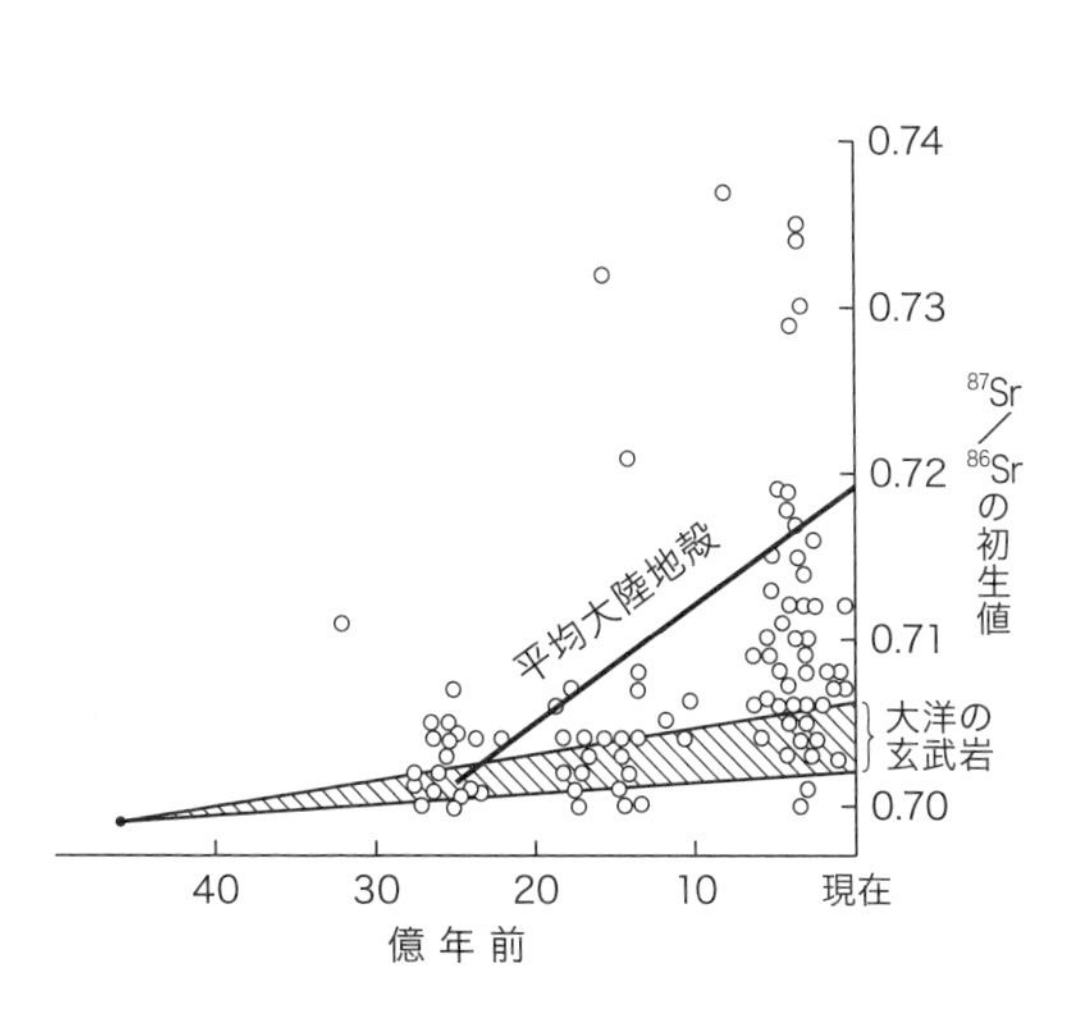

図2 マントルおよび地殻におけるストロンチウム同位体比の進化(都城・久城(1977)より引用)
今から約46億年前に地球ができたとき，そのマントルのストロンチウム $^{87}Sr/^{86}Sr$ 比は0.699であったと仮定する(左下の黒丸)．上部マントルのその比は次第に高まり，今は0.702〜0.706くらいになっている．斜線で影をつけた領域が，この変化を示している．今から25億年前にマントルから平均大陸地殻(ストロンチウムに対するルビジウムの比 Rb/Sr = 0.18)が分離したと仮定すれば，その $^{87}Sr/^{86}Sr$ 比はこの図の右上がりの太線に沿って増加し，今は0.719になっている．花崗岩(マグマ起源のような印象を与えるもの)の $^{87}Sr/^{86}Sr$ の初生値とその生成年代を白丸で示してある．

ンチウムに対するルビジウム比の比較的小さい岩石の溶融によってできたか、あるいは、地殻の物質とマントルの物質の混合によってできたと考えられる。

3　花崗岩の分類と成因論の展開

一九七〇年代に、新しい花崗岩の分類法がオーストラリアと日本から提案された。さらに花崗岩質マグマについての実験岩石学的研究も進んだ。

S・I・M・Aタイプ花崗岩　オーストラリアのブルース・チャペルとアラン・ホワイトは一九七四年、花崗岩の中に、アルミニウムとカリウムに富み、カルシウムとナトリウムに乏しい全岩組成をもち、白雲母、菫青石、ざくろ石、紅柱石、珪線石などのアルミニウムに富む鉱物を含んだ花崗岩をSタイプ花崗岩と名づけた。SタイプのSは堆積(Sedimentary)の頭文字を採ったものである。これに対して、普通角閃石のような、カルシウムに富む鉱物をもった花崗岩を、Iタイプと名づけた。IタイプのIは、火成(Igneous)の頭文字を採ったものである。

一九七九年にホワイトによって、Iタイプとは別に、カルシウムとナトリウムに富みカリウムに乏しいMタイプが提唱された。MタイプのMは、マントル(Mantle)の頭文字を採ったものである。

さらに、アルカリに富み、アルミニウムに乏しいAタイプが、一九七九年にマルク・ロアゼルとデイヴィッド・ヴォーンズによって提唱された。AタイプのAは非造山（Anorogenic）の頭文字を採ったものである。

Sタイプ花崗岩は、ストロンチウム同位体初生値が高く、堆積岩起源の捕獲岩（火成岩に含まれる異質の岩石）をしばしば含み、堆積岩類と密接な成因的関係をもっていると考えられている。

Iタイプ花崗岩は、ストロンチウム同位体初生値が低く、より苦鉄質（かんらん石や輝石のように有色な鉱物に富む岩石）な火成岩を捕獲岩として含むことが多い。このため、苦鉄質岩が部分溶融して形成されるなど、火成岩類と密接な成因的関係をもっていると考えられている。

Mタイプ花崗岩は、Iタイプ花崗岩よりも、ストロンチウム同位体初生値がさらに低く、ソレアイト質マグマが分化したためか、ソレアイト質玄武岩の部分溶融によって生じたと考えられている。

Aタイプ花崗岩は、大陸地域のリフト（地溝）やホットスポット（灼熱地点）の活動に関係した水に乏しい条件下で、下部地殻が部分溶融して生じたと考えられている。

磁鉄鉱系列とチタン鉄鉱系列　一九七七年に石原舜三は、不透明鉱物に注目し、日本列島の花崗岩を、磁鉄鉱とチタン鉄鉱の両方を含む磁鉄鉱系列と、磁鉄鉱を欠くチタン鉄鉱系列

に区分した。そして、西南日本では、磁鉄鉱系列は日本海側に、チタン鉄鉱系列は太平洋側に分布することを示した(図3)。この花崗岩系列は、花崗岩質マグマの固結過程における酸素フガシティー(分子間力を補正した実在気体の圧力)の高低を表わしている。

磁鉄鉱系列には、磁性鉱物である磁鉄鉱がモード組成で〇・一体積パーセント以上含まれている。磁鉄鉱系列は、三価の鉄を多く含む酸化的なマグマから固化した花崗岩と考えられている。磁鉄鉱系列花崗岩は、モリブデン、銅、鉛、亜鉛などの鉱床を伴っている。

チタン鉄鉱系列には磁鉄鉱が存在せず、少量のチタン鉄鉱が含まれる。チタン鉄鉱系列は、三価の鉄が少ないために磁鉄鉱が晶出しないような還元的なマグマから固化した花崗岩と考えられる。チタン鉄鉱系列花崗岩質マグマの還元的雰囲気は、堆積岩中に含まれる有機物起源の炭質物のような、還元剤が作用した結果生まれたものであろう。チタン鉄鉱系列花崗岩は、錫やタングステンなどの鉱床を伴っている。

地球表層部の遊離酸素量は、時代とともに増えてきたと考えられる。最古の始生代(約四〇億年前~約二五億年前)には還元的であったが、原生代(約二五億年前~約五億四二〇〇万年前)

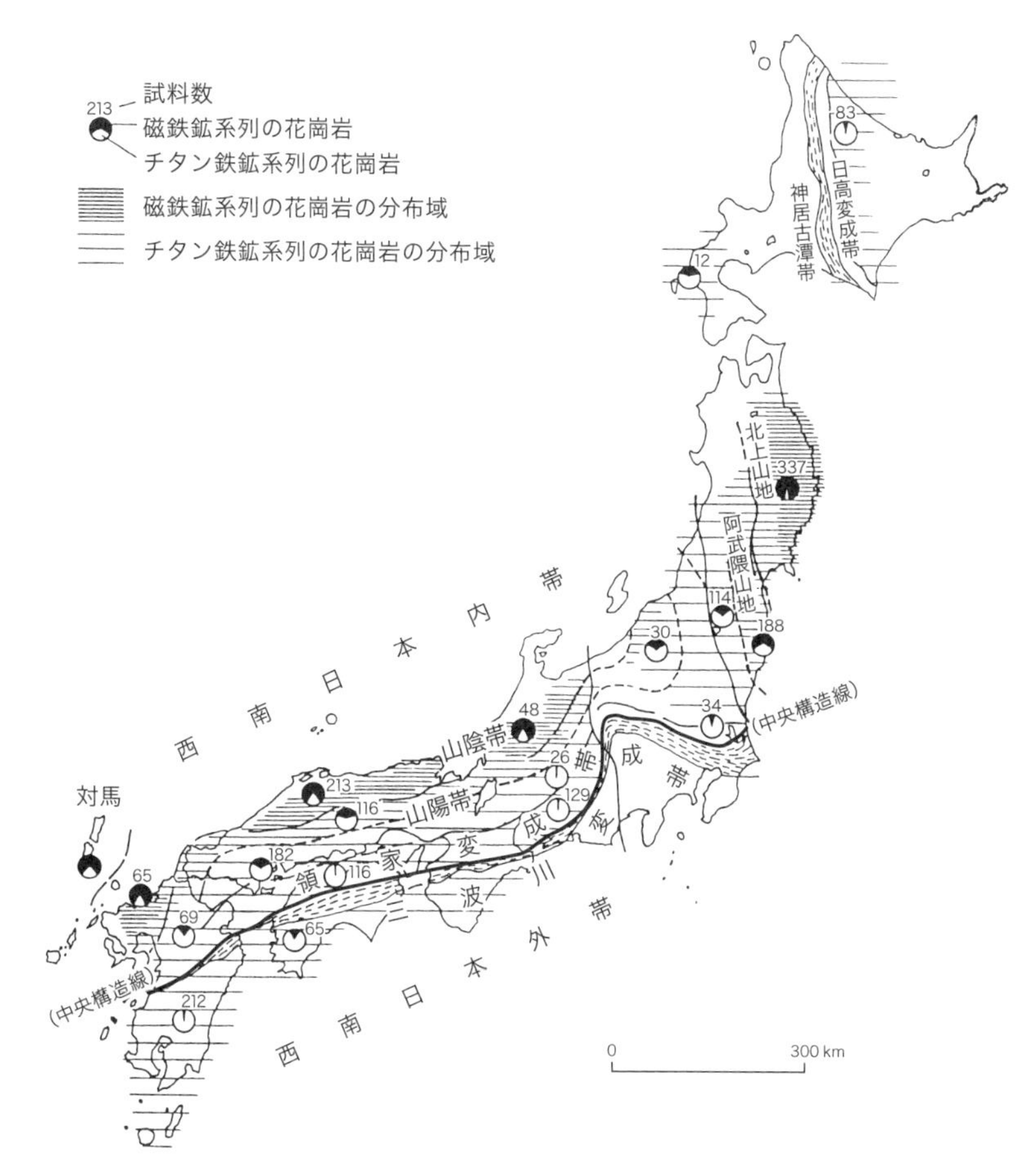

図3　日本列島における磁鉄鉱系列の花崗岩およびチタン鉄鉱系列の花崗岩の分布(Ishihara(1978)より引用)

以降は酸化的であったと考えられる。石原は三八～三二億年前の花崗岩は、チタン鉄鉱系列のものであり、三一億年前以降の花崗岩は、磁鉄鉱系列のものであることを明らかにした。

花崗岩質マグマの起源と花崗岩体像　花崗岩の大部分は、大陸地域あるいは造山帯に分布している。このことは、花崗岩質マグマの生成が、大陸性地殻の存在と関連していることを示している。

オービル・タットルはボーエン没後の一九五八年に、ボーエンとの共著として発表した論文の中で、花崗岩質マグマが水に飽和している場合には、その溶融温度は、大陸地殻の下部の圧力条件下(約一万気圧)で、約六〇〇度であることを示した。したがって、大陸地殻の下部では、その部分溶融によって、花崗岩質マグマが生じ得る可能性がある。

花崗岩質マグマは、玄武岩質マグマの結晶作用によっても生ずるし、また片麻岩や堆積岩などのように、石英とアルカリ長石からなる岩石の部分溶融によっても、花崗岩質マグマができることを示している。

地殻物質が溶融するプロセスとして、高温の広域変成作用が進行し、変成岩自身が部分溶融することが考えられる。泥質変成岩やグレーワッケ質変成岩(灰色で硬い砂岩)が溶融する場合には、八五〇度前後において、メルト状態の物質の濃度は一七～五〇パーセントに達する。したがって、モホロビチッチ不連続面(地殻とマントルの境界)直上の温度が八五〇度に達し、そこに堆積岩源変成岩類が存在すると、大量のメルトが生成することになる。泥質変成岩やグレーワッケ質変成岩から生成されるメルトの多くは、パーアルミナス（酸化アルミニウムの組成が酸化ナトリウム、酸化カリウム、酸化カルシウムの組成の和よりも大きい）な化学組成をもっているため、Ｓタイプ花崗岩質マグマが生成されると考えられる。一方、Ｉタイプのトーナル岩やトロニエム岩組成のマグマは、角閃岩などの苦鉄質岩の部分溶融で生成されると考えられる。

最近の花崗岩体像は以下のようなものである。上部マントルで生成された玄武岩質マグマが地殻下底部に供給され、その熱によって地殻下部が部分溶融し、花崗岩質マグマが形成される。形成された低密度の花崗岩質マグマは集積して、岩脈（あるいは岩脈状岩体）として開口割れ目を通して上昇し、地殻浅所でシート状の岩体を形成する。このシート状岩体は、供給されたマグマの圧力で天井部を持ち上げて餅盤となるか、下底部が沈降することで、空間を確保しロポリス状岩体（ロート状をした下に凸な岩体）となるか、あるいは横ずれ断層系のプルアパート部（断層と断層の間にできた穴）に形成された開口空間を満たす形で岩体を形成する。

最近ではバソリス（底盤）のような巨大な空間を確保するためには、強制的に貫入するというよりは、広域的な地殻応力によって生じたひずみを解消するような形で、あるいは空間を交換するような形で、無理なくその空間を占めることが必要であるとする考え方が注目されている。

4　一連の火山岩と深成岩の見事な複合岩体

花崗岩はしばしば火山岩類を伴い、これらに貫入していることがある。このような岩体を火山・深成複合岩体と呼んでいる。花崗岩質マグマが、同じ年代の火山岩中に貫入・固化した場合、その花崗岩は、地下の極めて浅い場所で固化し形成されたことを意味する。西南日本外帯の第三紀花崗岩や、アメリカ西部のロングバレーカルデラなどは、火山・深成複合岩体の好例である。ここでは高橋正樹の精査した大崩山（おおくえやま）火山・深成複合岩体について述べる。

大崩山火山・深成複合岩体は、大分県と宮崎県の県境付近に位置し、一四〇〇万年前に形成された。大崩山火山・深成複合岩体の環状岩脈（地表に露出した部分が環状になっている岩脈）では、最初に発泡せず、無斑晶質の流紋岩質マグマ（珪長岩）が貫入し、次に二回以上にわたって、激しく発泡した粉体流が貫入して、その一部は地表に到達し、火砕流として噴出した。そして最後に、液体状態の斑状花崗岩質マグマが貫入固化して、花崗岩が形成された。

大崩山花崗岩体の長径は一〇キロメートルを超える。大崩山の標高は一六四三メートルである。房総半島から南西諸島に至る四万十層群は長さ一八〇〇キロメートル、最大幅一〇〇キロメートルの堆積岩層であるが、この母岩のホルンフェルス（貫入による熱によって変成作用を受けてできた変成岩）と花崗岩の境界は、標高一三〇〇メートル付近にある。泥質のホルンフェルスは、粗粒で黒雲母や斜方輝石を含んでいる。標高三〇〇メートルからこの一三〇〇メートルまで、一〇〇〇メートルの高度差にわたって、花崗岩体の内部構造が立体的に見事に露出している。

大崩山花崗岩体の本体を構成する角閃石黒雲母花崗閃緑岩は、ルーフ境界に向かって高度を上げるにつれて、優白質の黒雲母花崗岩に変化する。大崩山花崗岩体は、岩相が垂直変化するとともに、岩体周縁部に向かって、有色鉱物に乏しくなるタイプの累帯深成岩体である。大崩山花崗岩体の南東一六キロメートルに可愛岳(えのだけ)(標高七二八メートル)がある。可愛岳は大崩山カルデラを縁取る花崗斑岩の環状岩脈の山の一つである。この可愛岳は、一八七七(明治一〇)年八月の西南戦争で、西郷軍と政府軍の間で激戦のあった古戦場である。私の祖父諏訪兼一は西郷軍の一兵士としてその激戦に参加した。

5　オフィオライトの成因

造山帯に出る超マフィックおよびマフィックな岩石群を一括して、野外用語として古くからオフィオライトと呼んできた。

斑れい岩や超苦鉄質岩が、それぞれ独立の岩体として、あるいは両者を含む複合岩体として、断層で境された、数キロメートル以上の大きさの構造岩塊やナップ(下底を断層で切られた板状の岩体)として産することがある。それらは、断層で接する周囲の地層に対して、異地性の岩体であり、現在の場所にマグマとして貫入したわけではなく、別の場所で形成された岩体が固体のまま構造的に運ばれてきたものである。

ハリー・ハモンド・ヘスは一九六二年に大洋底拡大説を発表したが、ロバート・ディーツは一九六三年にそれを拡張して、カリフォルニアのフランシスカン変成岩類に含まれているオフィオライトは、大洋中央海嶺で生成された大洋地殻が沈み込み帯まで運ばれ、そこで壊れた破片が堆積物のなかに押し込まれたものだと考えた。この考えは、プレートテクトニクスが提唱された時に、その地質学的解釈のなかに取り込まれて、広く支持された。

オフィオライトが大洋中央海嶺でできた大洋地殻とマントル最上部との破片だとすれば、場合によっては、破片にならないで、その元の構造を残しているものが造山帯に出現してもよいだろう。当時、東地中海のキプロス島中部のトルドス複合岩体はそういう構造をもつものだと、エルドリッジ・ムアーズやイアン・ガスなどによって主張された。

しかし、トルドス複合岩体のなかの火山岩には、フェルシックな岩石の割合がかなり多く、その上、ソレアイト質岩系のもののほかに、カルクアルカリ岩系のものも含まれている。そこで都城(みやしろ)秋穂は一九七三年に、トルドス複合岩体は弧状列島でできたという説を唱えた。

この都城の主張は、世界的な激しい議論の的となり、都城は孤立した。しかし、一九八〇年代の後半になって、都城の説は逆に評価されるようになった。最近では、トルドスのような典型的なオフィオライトは、沈み込みの開始直後に、沈み込み帯上の拡大軸で形成されたと考えられている。

石渡明は一九九一年に、西南日本では北から南へ、東北日本では、北上山地南部から同北部、南西北海道を経て、北海道中軸部（日高山脈）に向かって、オフィオライトの時代が古生代→中生代→新生代へと若くなる傾向がみられることに注目した。これは、ロシア極東地方や、北米西岸のクラマス山地などに共通した性質であり、日本はこれらの地域とともに、環太平洋顕生代多重オフィオライト帯をなしていると、石渡は主張している。

【大洋中央海嶺】　大洋中央海嶺は大西洋・インド洋・南太平洋のほぼ中央を走る海底の大山脈である。マントル上昇流によって、大洋中央海嶺でつくられた海洋底が、マントル対流にのって大洋中央海嶺の両側に広がってゆき、海溝部でマントル中に沈み込んでゆく。東日本では太平洋プレートが日本海溝で沈み込み、地震や火山活動を惹き起こしている。

6 斜長岩の種類

斜長岩は主に斜長石からなる岩石である。斜長岩には、性状・成因の異なる三種類のものがある。

Ⅰ型(ブッシュフェルト型):南アフリカのブッシュフェルト岩体のような、層状分化貫入岩体の一つのメンバーとして産する斜長岩。

Ⅱ型(アディロンダック型):北米のアディロンダック岩体のような、底盤状の塊状岩体として産する斜長岩。

Ⅲ型(フィスケネセット型):西グリーンランドのフィスケネセット岩体のように、高度に変成された古期先カンブリア時代の岩層(三〇〜三五億年前)中に、調和的な層状分化貫入岩体として産する斜長岩。斜長石は灰長石成分に極めて富み、化学的にも年代的にも、月の斜長岩に似ている。一九七〇年にブライアン・ウィンドレイによってはじめて記述された。

筆者はこれら三つの型の斜長岩について、斜長石の双晶法式を詳しく検討した。Ⅰ型斜長岩の斜長石には、アルバイト式双晶、ペリクリン式双晶、カールスバド式双晶、アルバイト・カールスバド式双晶が多産する。Ⅱ型斜長岩の斜長石には、アルバイト式双晶(六五パーセント)とペリクリン式双晶(三四パーセント)が多産する。Ⅲ型斜長岩の斜長石には、ペリクリン式双晶(六四パーセント)とアルバイト式双晶(三六パーセント)が多産する。

【層状分化貫入岩体】　安定大陸地域に特徴的な大きなロポリス状岩体(漏斗状をした下に凸な岩体)ないし成層貫入岩体のことを層状分化貫入岩体という。岩体の下部では、早期に晶出した結晶の集積によって超苦鉄質岩ができ、上部へ向かって苦鉄質岩・中性岩などに移化する。南アフリカのブッシュフェルト火成岩体は、世界最大規模の層状分化貫入岩体である。岩体は東西四五〇キロメートル、南北二四〇キロメートル、厚さ八キロメートルという壮大なものである。

7　マントルでじわりとできるカーボナタイト

カーボナタイトは、ほとんど、方解石またはドロマイトなどの、炭酸塩鉱物からなる火成岩である。ノルウェーのフェン地方の研究において、ヴァルデマー・ブレガーは一九二一年に、アルカリ火成岩と密接に伴う石灰質岩石は火成岩であると結論し、カーボナタイトと命名した。彼は地下に伏在する古期炭酸塩岩が溶融したために、カーボナタイトが生じたと考えた。この論文はブレガーが七〇歳の時の大作であった。ブレガーの研究に驚いたボーエン

ブレガー
(1851−1940)

は、一九二三年フェン地方を訪れた。ボーエンは、炭酸カルシウムの溶融温度は極めて高い(一三三九度)ので、炭酸塩溶融体が天然に存在し得る可能性はほとんどないと考えた。彼はブレガーの見解に反対し、循環水溶液によってケイ酸塩が次第に交代され、炭酸塩鉱物の集合体ができたと主張した。当時の岩石学者は、ブレガーの火成説には懐疑的で、ボーエンの低温の交代作用説を支持する者が多かった。

一九五〇年から一九五六年にかけて、ウラニウム探査が世界的に行なわれたが、その副産物として、多数の未知のカーボナタイト岩体が発見された。カーボナタイト岩体は特徴的な円形の露出状態を示すため、放射能異常や磁気異常の空中探査、精密航空写真調査などによって効果的に発見されていった。ウィリアム・ハインリッヒの一九五八年の教科書では、六〇ヶ所のカーボナタイトの産地が列挙され、一九六六年の教科書では、三二〇ヶ所が列挙されている。炭素・酸素・ストロンチウムの同位体の研究も行なわれ、カーボナタイトと堆積成石灰岩とが、同位体組成上、大きい差異を示すことが明らかになってきた。

一九五〇年代の終わり頃から、ピーター・ワイリーやタットルなどによって炭酸塩に関する実験岩石学的研究が開始され、炭酸塩マグマの存在する可能性が実験的に示された。まさ

にその時に、劇的な事件が起こった。

一九六〇年一〇月はじめ、アフリカ東部大地溝帯中のタンザニア北部の活火山、オルドイニョ・レンガイ(標高二八九〇メートル)で、ナトリウム化合物に富む炭酸塩鉱物だけからなる特異な溶岩が北火口底から噴出するのを、ジョン・ドーソンが目撃して報告したのである。このことは、天然に、カーボナタイトのマグマが実在することを明示した点で、注目に値する。なお、マサイ語でオルドイニョは山、レンガイは神の意である。

この溶岩は、噴出直後は黒色だが、一日か一日半経つと、白色化が始まり、一週間が過ぎると灰白色に変色した。噴出時には、噴出口からうねるような音が聞こえてくるが、夜間でも溶岩は白熱しない。温度は五〇〇度以下であろう。

一九六〇年代なかばになると、カーボナタイトに関するタットルとジョン・ギティンスの著作が発表された。ワイリー一派の実験岩石学的研究も一層活発になった。一九七〇年代に入って、実験岩石学的研究は、地球物理学実験所のデイヴィッド・エグラー一派やオーストラリアのグリーン一派らによってさらに精力的につづけられ、カーボナタイト・マグマの生成が、マントル岩石学の観点から明確に把握されてきた。一九七七年にはマイケル・ルバによって、イギリス隊がつづけてきたケニア西部のカビロンド地溝帯におけるアルカリ火山岩・カーボナタイトの岩石学的研究成果が、集大成され出版された。

ルバは、カビロンド地溝帯のアルカリ火山岩類とカーボナタイトの体積を詳しく算出した。その結果、霞岩をはじめ各種のアルカリ火山岩九七パーセント、アルカリカーボナタイト三パーセントという値を得た。ルバはそれぞれの岩石の化学組成から母マグマの化学組成を推定した。このマグマは、パイロライト(輝石かんらん岩)質の上部マントル物質が高い圧力下で一～二パーセント部分溶融すれば生じ得る。

こうしてできたマグマは、その上昇機構や上昇過程の違いによって、次のようにいろいろな岩型を生ずる。

a．霞岩質溶岩・火砕岩とカーボナタイト質溶岩・火砕岩：上昇速度は小さく、揮発成分は保持される。液体不混和(均一な液相がある圧力、温度以下では二つに分離する現象)によって、揮発成分に乏しいケイ酸塩溶液と、揮発成分に富む流体とに分かれる。前者は種々のアルカリ岩、後者は種々のカーボナタイトを生ずる。

b. キンバーライトの爆発的な噴出火道：揮発成分を保持して、急速に上昇し、ダイヤモンドや捕獲岩を運ぶ。

名古屋大学による、アフリカのカーボナタイトの研究は、次の四つの研究方法を駆使して行なわれた。(A)野外岩石学的・地質学的研究、(B)岩石学・鉱物学・結晶学的研究、(C)同位体地球化学的研究、(D)微量元素・希土類地球化学的研究の四つである。

(A)では、カーボナタイト岩体の深成型と火山型を区別し、さらに、それぞれの岩体での貫入順序、貫入・噴出機構を明らかにした。

(B)では、カーボナタイトおよびキンバーライト中の、金雲母(マグネシウムに富む雲母)に注目した。金雲母は通常、速い光の振動方向では無色、遅い光の振動方向では、淡黄〜淡褐色の多色性を示す。カーボナタイトおよびキンバーライト中の金雲母は、速い光の振動方向では淡黄〜淡褐色、遅い光の振動方向では無色の逆多色性を示す。なぜ逆多色性を示すのだろうか。光学的・化学的およびメスバウアー(ガンマ線を利用した分光法の一つ)によって研究し、カーボナタイトおよびキンバーライト中の、金雲母の結晶構造の中では、四配位の位置を占めるチタンやアルミニウムが乏しく、その代わりに三価の鉄イオンに富んでいる。逆多色性はこのためであることを明らかにした。

(C)では、深成岩のカーボナタイトの炭素および酸素同位体比は、カナダのオカのカーボナタイトと同様に、狭い特徴的な領域にすべて落ちるが、火山型カーボナタイトでは、酸素同位体比の変化が著しいことを明らかにした。また、オルドイニョ・レンガイ火山にあるナトリウムに富むカーボナタイトの炭素・酸素同位体組成が、マガディ湖の蒸発岩の炭素・酸素同位体組成とは全く異なることを明示し、カーボナタイトは地下深部で、初生的に生じたことを明らかにした。

（D）では、カーボナタイトの貫入・噴出活動の末期ほど、微量元素・希土類元素が濃集することを明らかにした。

8 マントルを急上昇するキンバーライト

南アフリカのキンバーライトは、一五〇ないし二〇〇キロメートルの深さから、数時間以内という非常な速さで地表に達したらしい。しかし、すべてのキンバーライトがダイヤモンドを含むわけではない。南アフリカの剛塊（安定化した大陸地殻）では、その中心域にダイヤモンドを含むキンバーライトが分布する。そのまわりに、ダイヤモンドを含まないキンバーライト、アルカリ岩、カーボナタイトが分布する。南アフリカでは、この累帯分布構造は、東西七〇〇キロメートル、南北五〇〇キロメートルの広い範囲にわたって認められる。

アフリカ大陸では、キンバーライトは一億年前に集中的に地下深部から地表に向かって噴き上げてきた。ちょうどアフリカ大陸と南米大陸が分裂した時期である。巨大なゴンドワナ大陸(現在のアフリカ大陸、南アメリカ大陸、インド亜大陸、南極大陸、オーストラリア大陸などを含んでいたと考えられる巨大大陸)の分裂の時、地下からの地熱流量が極めて低いアフリカ大陸の剛塊地帯では深部に達する大きなひび割れを生じた。地下深部の高い圧力の下では融けない岩石もひび割れを生じて圧力が急激に減少するので融け始める。キンバーライトは揮発成分を保持して急速に上昇し、爆発的な噴出を行なう火砕岩である。キンバーライトのパイプは、地下深部のいろいろな岩石をもぎ取って地表まで運ぶので、地下深部物質(超塩基性捕獲岩)を調べる、重要な鍵である。

伊藤正裕は、西部ケニアのキンバーライトとその超塩基性捕獲岩の性状を明らかにした。二〇〇三年に入舩(いりふね)徹男は、天然のダイヤモンド結晶よりも硬い、世界最硬のナノ多結晶ダイヤモンドの合成に成功した。二〇一五年に大藤弘明と入舩らは、中央シベリア北部のポピガイ大隕石孔から、ナノ多結晶ダイヤモンドが産出することを発見した。

9　月の岩石学事始め

人類初の月面着陸と船外活動が行なわれたのは一九六九年七月のことであった。アポロ一一号は、静かの海に着陸し、ソイルと岩石試料が採取された。

アポロ一一号が持ち帰った試料を、久城育夫はヒューストンのNASAで同年一〇月三日に受け取った。

久城と中村保夫、原村寛の三人は、早速分析にとりかかった。はじめて月の岩石を顕微鏡の下で見た時、彼らは感動した。薄片の四種の岩石が玄武岩質岩石であることは、すぐにわかった。それらの岩石が全く変質しておらず、すこぶる新鮮であることは驚くべきことであった。静かの海の岩石は、チタン鉄鉱などの不透明鉱物が多く、異様な感じであった。金属鉄やトロイライトも存在した。輝石の化学組成の変化も著しく不均質であった。マグマから急速に成長した輝石が、高温の状態から急冷されたことは、普通輝石とピジョン輝石が、それぞれ独立した結晶にならず、奇妙な形で入り組んだように成長していることからもわかる。結晶作用の後期には、流紋岩質の液が生成することも判明した。この流紋岩質の液は、静かの海の玄武岩質マグマが分別晶出作用を行ない、それによって生じた残液が液相の不混和現象を起こして生じたのであった。月には大気がなく、ほとんど真空中にマグマが噴出して、結晶作用を行なったのであろう。

つづいてアポロ一二号は、一九六九年一一月に、嵐の大洋に着陸し、ソイルと岩石試料が採取された。

嵐の大洋の岩石の多くは、地球上の玄武岩質岩石に化学組成が似ている。しかし、化学組成の範囲は広い。また、マグネシウムに富む岩石でも鉄が多い。顕微鏡下の観察によると、マグネシウムに富む岩石中にはかんらん石が多く、それらのなかには、固有の結晶面の発達した自形のかんらん石も多く含まれていて、マグマからかんらん石の結晶が集積して生じた感じを与える。またわずかだが、花崗岩質の岩石が存在する。地球上の花崗岩にくらべて酸化カリウムがずっと多く、逆に酸化ナトリウムがずっと少ない。おそらく、マグマが月表面に大量に噴出して、溶岩湖をつくり、そのなかでかんらん石が晶出し、沈降することによって、化学組成の異なる一連の岩石を生じたのであろう。

久城は実験の結果から、次のような推論を行なった。

約四四億年前に、月が表面から三〇〇キロメートルの深さまで溶融し、結晶分化作用によって成層構造ができた。溶融した層（マグマ・オーシャン）からは、最初かんらん石だけが晶出し沈積して、ダンかんらん岩の層を生じた。温度が低下すると、かんらん石につづいて斜方輝石が晶出し始め、かんらん石とともに沈積して、ハルツバージャイトの層をつくる。次にカルシウムに富む輝石が晶出し、かんらん石・斜方輝石と一緒に沈積して、レールゾライトの層をつくる。さらに温度が低下すると、斜長石が晶出する。斜長石がかんらん石や輝石とともに沈積すれば、斜長石・レールゾライトあるいはかんらん石斑れい岩を生ずる。やがてかんらん石は晶出しなくなり、輝石と斜長石がつづいて晶出する。この時期には、溶融した層の厚さは約一〇〇キロメートルになり、液は鉄に富むようになる。そのような液中では斜長石は浮上し、上部に斜長岩に富む層を形成する。こうして斜長岩や斜長石に富む斑れい岩が生ずる。この層の厚さは五〇～六〇キロメートルである。最後に残った液はチタンにも富んでおり、チタン鉄鉱を晶出する。こうして、斜長石に富む層の下には、輝石やチタン鉄鉱に富む斑れい岩の層が形成された。

三八～三六億年前には、深さ一五〇～一〇〇キロメートルにある単斜輝石・斜方輝石・かんらん石・チタン鉄鉱層が融けて、アポロ一一号が採取した高チタン玄武岩が形成された。三三～三一億年前には、深さ二五〇～一五〇キロメートルにあるかんらん石・斜方輝石・単斜輝石層が融けて、アポロ一二号が採取した低チタン玄武岩が形成されたのである。

【トロイライト、ダンかんらん岩、ハルツバージャイト、レールゾライト】 トロイライトは硫化鉄組成の磁硫鉄鉱である。ダンかんらん岩はかんらん石を九〇パーセント以上含む深成岩である。ハルツバージャイトは、かんらん石と斜方輝石からなるかんらん岩である。レールゾライトはかんらん石と斜方輝石と単斜輝石からなるかんらん岩である。

第4章 堆積岩や火成岩を変える変成作用

第４章では変成作用の研究史を国際的視野で述べたい。

戦前の変成作用の研究は、イギリス、ノルウェー、フィンランドなどのヨーロッパ諸国と、北アメリカ東部の野外調査にもとづいていた。戦後、調査地域が全地球的に広がり、戦前の限られた知見を超えて、多くの知見がもたらされた。

戦前の実験岩石学的研究は、常圧下で温度だけを上昇させたものであり、加水実験もほとんど行なわれなかった。しかし、戦後の実験岩石学的研究は、圧力も低圧から高圧、さらに超高圧領域までカバーし、加水実験なども自由に行なわれるようになった。さらに戦後は、熱力学的な変成岩理論が著しく進歩し、変成岩の鉱物構成についての新しい理論が建設された。

放射性同位元素による年代測定、二次イオン質量分析法やＣＨＩＭＥ法の開発によって、複雑な履歴をもつ岩石の研究史が解明されるようになった。

戦後、地震波による地殻構造の研究、古地磁気や地熱流量の測定など、地球物理学的測定が全地球的に展開され、地殻やマントルの知見が増大した。こうして、プレートテクトニクスは誕生した。

1 いつでもできる片麻岩

ヴェルナーやブッフなどの水成論者は、片岩や片麻岩は、地球が最初の高温の溶融状態から冷却して、固結した時にできた、原始地殻の岩石だと考えていた。調査が進むと、この最古の地質時代に形成された基盤岩類は、三つの地層に分けられると考えられるようになった。最古の片麻岩の層が下位にあり、その上に雲母片岩の層が重なり、さらにその上に千枚岩の層が重なっていた。

ところがさらに調査が進むと、片岩や片麻岩が、新しい地質時代の堆積岩に漸移することが発見され、さらに、片岩のなかから古生代や中生代の化石が発見された。こうして、一九世紀の後半には、片岩や片麻岩は、どんな地質時代でも生じ得るもので、変成作用によって形成されたという考えが広く支持されるようになった。

【片岩】 結晶片岩は片理(細長い鉱物や平たい鉱物が配列する平行な面)の発達する広域変成岩

である。雲母を含む結晶片岩を雲母片岩という。結晶片岩と片岩は同義である。千枚岩は結晶片岩と堆積岩の中間の変成度の岩石である。細粒で片理が発達している。

2 広域変成作用の主役は熱か動力か？

一九世紀の末頃には、二つの考え方があった。その一つは、ハトンやライエルらの考え方で、広域変成作用は、主として地球内部の高い温度の作用によって起こるというもので、これを深所変成作用と呼んでいる。厚い堆積物の形成や変形運動によって、岩石が地下深所に持ち込まれると、高い温度を生ずるし、またその付近に火成岩体が貫入しても高い温度を生ずる。イギリスやフランスでは、この説の支持者が多かった。フランスでは、火成岩体からその周囲の岩石に浸透する水やその他の物質の作用が重視された。ピエール・テルミエは一九〇四年に、片麻岩が地向斜（大規模に沈降が起こった細長い地域）の中心線に沿う地帯に生じ、その外側の地帯に片岩が生ずることを明らかにした。

もう一つの考え方は、広域変成作用は、造山運動の際の力の作用によって起こるというもので、これを動力変成作用と呼んでいる。ドイツのカール・ロッセンは一八七五年に、アルプスの変成岩が造山帯の中軸部に出現することに注目した。ドイツ、オーストリア、スイスではこの説の支持者が多かった。顕微鏡岩石学のローゼンブッシュもこの説を支持した。この説は、温度の効果をほとんど無視し、力は機械的変形を起こすだけでなく、化学反応をも促進して再結晶作用を起こすと考えた。

両説の折中説を唱えたのは、スイスのウーリッヒ・グルーベンマンであった。

【再結晶作用】 再結晶作用ないし再結晶は、岩石中で固体の状態で新しい結晶ができることである。再結晶作用は、温度・圧力などの外的条件が変化し、原岩の鉱物が不安定になって新しい鉱物が成長することによって起こる。

3 スイス学派の折中説

広域変成作用の性質が地下の深さと関係があるらしいという空想にもとづいて、フリードリッヒ・ヨハン・カール・ベッケは一九〇三年に考察を行なった。ベッケは地下を二つの深度帯に分けた。浅い方の帯では温度が低いので、圧力(静水圧)の効果が強く現われ、化学反応は体積の減少する方向へ進み、密度のより大きい鉱物や岩石を生ずる傾向があるとしたのである。深い方の帯では、温度が高くなるので、それが圧力の効果を消して、火成岩に似た

鉱物構成になると考えた。

グルーベンマンは、この考えを拡張して、深度帯を三つにし、変成岩標本について、系統的な記載分類の枠をつくった。彼は広域変成岩を化学組成によって一二の群に分類した。三つの深度帯のうち、一番浅い地帯をエピ帯、中ほどをメソ帯、深いところをカタ帯と呼んだ。

広域変成岩の生成を支配する物理的条件は、それぞれの深度帯に特有な組合せをもって現われてくる。すなわち、エピ帯は低温で静水圧が低く、変形力は強い。カタ帯は高温で静水圧が高く、変形力は弱いと考えられた。いろいろな岩石は、いわば空想的に、いずれかの深度帯でできたと仮定された。

グルーベンマンの後継者であるポール・ニグリは、グルーベンマンの体系を修正して、その枠のなかに、接触変成岩をも含めた。すなわち、構成鉱物の類似にもとづいて、高温の接触変成岩はカタ帯に入れられ、

低温の接触変成岩はエピ帯に入れられた。

4　累進変成作用を解明した独学のバロー

一つの地域で、ある限られた範囲内の化学組成の変成岩をみると、その地域内で一つの方向に向かって、変成温度が上昇するにつれて、いろいろな新しい鉱物が、一定の順序で生成し出現することが多い。そこで、その変成地域を、鉱物の新しく出現し始める線によって、いくつかの地域に分割することができる。このように、鉱物の出現を表わす線を、アイソグラッドと呼ぶ。新しく出現し始める鉱物が藍晶石であれば、藍晶石アイソグラッドという。このように変成地域を分割することを、鉱物変化による分帯という。このような分帯が可能であることを、一八九三年にジョージ・バローは、スコットランド高原ではじめて見出した。

バローは若い時、ジョージ・スクロープの秘書をつとめた。スクロープは有名な火山学者であり、同時に政治家であった。年老いて盲目になり耳も遠くなった。バローは毎日、葡萄酒を飲んで元気をつけては、地質学の本や論文を、何時間も大声を出して読んでスクロープに聞かせねばならなかった。おもしろいことに、毎日大声で読んでいるうちに、バローは次第に地質学に興味をもつようになった。スクロープの邸には、多くの地質学者たちがよく訪ねてきた。晩年のスクロープは地質調査所長に、バローの行く末を、くれぐれもよろしくと頼んだ。こうして、スクロープの死後、バローは地質調査所に勤めることとなった。のどかな時代であった。バローは地質調査所に入所してから、基本的な地質調査や顕微鏡観察の技術を、少しずつ身につけていった。

やがてバローは、スコットランド高原東南部地域を、調査することとなった。この地域の北部には花崗岩が露出し、それから南にずっと泥質堆積岩源の片麻岩や片岩などの変成岩が分布していた。バローは、珪線石を含む変成岩の地帯がいちばん北部にあり、その南側に藍晶石を含む変成岩の帯があり、その南側に十字石（鉄とアルミニウムに富む変成鉱物）を含む変成岩の帯があることに気付いた。バローは、花崗岩の露出している北部の方は、その熱のために変成温度が高く、花崗岩から遠い南方ほど温度が低いために、このような違いが生じたと考えた。バローは、変成地域の鉱物による累帯は、ほぼ温度による累帯になると考えた。

彼は、温度上昇に伴って、変成作用が進むことを、累進変成作用と呼んだ。

バローによって変成作用は累進変成作用として、はじめて動的に把握された。変成地域あるいは変成作用そのものを主な研究対象とする考え方は、バローに始まったといってよい。

しかし、このバローの画期的な研究の意義は、当時の人びとにはあまり理解されなかった。それはバローが、多くの地質学者のように大学の地質学科の出身者ではなく、傍系の出身者であったからであろう。ケンブリッジ大学ではアルフレッド・ハーカーの指示によって、弟子のセシル・ティリーがバローの調査地域を再調査し、バローの研究の正しさが追認された。そうして広く知られるようになったのは、三二年後の一九二五年のことであった。

5　北欧ノルウェーの巨人ゴルトシュミット

熱力学的な理論化学、すなわち化学平衡論は、一九世紀の後半から二〇世紀の初期にかけて形成された。この新しい学問は、一八九〇年代から次第に岩石学にとりいれられてきた。変成岩の構成鉱物を、相律的な立場から解析することは、一九一一年ビクトール・モーリッツ・ゴルトシュミットによって、ノルウェーのクリスチアニア(現在のオスロ)付近の接触変成岩についてはじめて試みられた。ゴルトシュミットの父ハインリッヒ・ゴルトシュミットは化学の教授であり、ゴルトシュミットは、化学の新しい動向に親しみをもつような雰囲気のなかで育った。

クリスチアニア地方の古生代のアルカリ深成岩体のまわりには、変成温度の高い接触変成帯が生じている。そこには、泥質から石灰質にいたるまでのいろいろな化学組成のホルンフェルスができている。ゴルトシュミットは、それらを構成鉱物の組合せによって、一〇種類に分類し、そのホルンフェルスの総化学組成と鉱物組成との間に、一定の規則正しい関係があることを示した。このことは、それらのホルンフェルスにはほぼ化学平衡が成り立っていることを意味する。鉱物種の数と独立成分の間にも、相律の要求する条件が満たされていることが明らかになった。この時、ゴルトシュミットは二三歳であった。

次にゴルトシュミットは、ノルウェーの西海岸にあるトロニエム(現在のトロンハイム)地方のカレドニア造山運動でできた広域変成岩を一九一五年に研究した。トロニエム地方には、スコットランドによく似た広域変成岩が帯状に分布する。トロニエム地方の中央部には、北東-南西方向に走る、ざくろ石帯が中軸を占め、この中軸部の北西側と南東側の両方に、変成温度のより低い黒雲母帯があり、さらにその外側には、もっと温度の低い緑泥石帯がある。ゴルトシュミットはバローの分帯の研究を知らずに独立に研究し、バローと同じような結論に達した。

ゴルトシュミット
(1888－1947)
44歳

さらにゴルトシュミットは、ノルウェー西海岸のスタバンゲル地方の交代作用の研究を行なった。この地方には、カレドニア造山時の広域変成作用によって生じた、泥質岩起源の千枚岩が広がっている。そのなかにカレドニア造山末期の花崗岩が貫入して、もう一度変成作用を受けている。花崗岩貫入の影響は、花崗岩体から一～四キロメートルくらいの距離まで及んでいる。最初に起こる影響は、千枚岩のなかに、マンガン含有量のやや多いざくろ石を生ずることである。もっと花崗岩体に近接すると、黒雲母を生じて片岩になり、また花崗岩体の方からナトリウムやケイ素が供給されて、変成岩の化学組成が次第に変化する。ゴルトシュミットは、この変化はナトリウムやケイ素を含む水溶液が花崗岩体から放出されて、変成岩の中に侵入することによって起こったと考えた。花崗岩体に最も近いところでは、花崗岩質マグマが機械的に侵入してきて、片麻岩が生じている。このように、外部から物質が侵入してきて、変成岩の総化学組成が変化することを、交代作用という。

一九二一年のスタバンゲル地方の研究を最後にして、ゴルトシュミットは変成作用の研究から離れてしまった。そして地球化学や結晶化学という新しい領域に向かった。

【熱力学、理論化学】 熱力学は熱的な現象を巨視的な立場から現象論として取り扱う古典物理学の一部門である。理論化学は化学の諸問題を熱力学、統計力学などの物理的理論によって体系化した化学の一分科である。

【化学平衡、相律】 化学平衡は、熱力学における平衡のうち、化学反応・分配・相変化など物質の化学変化に関する平衡である。相律は熱力学的な系において、平衡にある相の数(p)、独立成分の数(c)、系の自由度(f)の間にある関係($f = c + 2 - p$)である。

【地球化学、結晶化学】 地球化学は地球の組成、構成成分の構造や循環などを、化学的に

研究する学問分野である。結晶化学は結晶の内部構造と化学的性質との関係を研究する結晶学の一部門である。

【カレドニア造山運動、緑泥石】　カレドニア造山運動は、カンブリア紀（約五億四二〇〇万年前〜約四億八八〇〇万年前）からデボン紀（約四億一六〇〇万年前〜約三億五九二〇万年前）までの造山運動である。スコットランドからノルウェーにかけてみられる造山運動はその例である。緑泥石は層状ケイ酸塩鉱物の一つで、低温でできた変成岩や熱水変質を受けた火成岩などに産出する。

6　北欧フィンランドの巨人エスコラ

フィンランドのペンティ・エスコラは一九〇八年から一九一四年まで、西南フィンランドのオリエルヴィ銅山地方の、先カンブリア時代の広域変成岩を研究し、その結果を一九一四年から一九一五年にかけて発表した。エスコラはオリエルヴィ地方の変成岩は化学平衡に達していて、化学組成と鉱物組成との間に、一定の規則正しい関係があることを見出した。オリエルヴィ地方で見出された、変成岩の化学組成と鉱物組成との間の規則正しい関係は、クリスチアニア地方で見出された関係とは異なっていた。たとえば、クリスチアニア地方で

は斜方輝石を生ずるような化学組成の岩石に、オリエルヴィ地方では角閃石を生じていた。このような違いは、変成作用の起こった時の温度や圧力が両地方では違っていたから生じたのである。一般に、変成岩の化学組成と鉱物組成との間の関係を調べることによって、変成作用の物理的条件が同じであるか違うかを知ることができる。このようにして、変成岩を、その生成の物理的条件によって経験的に分類することができる。これがエスコラの鉱物相の原理であった。

エスコラは、一群の変成岩の化学組成と鉱物組成の間に一定の関係があるのは、その岩石群が一定の範囲の温度と圧力でできたためと考え、その一定の関係によって特徴づけられるような温度と圧力の範囲を一つの変成相と呼んだ。そして彼は、自然界にいくつの変成相があるかを経験的に探究しようとした。一九三九年までに、八つの変成相を見出した。

これと同じような考え方は、火成岩の化学組成と鉱物組成との関係についても適用でき、火成相が定義できる。エスコラは、変成相と火成相を一緒にしたものを鉱物相と名づけた。

変成相あるいは鉱物相の数は、固定したものではなくて、研究の進み方や必要に応じて、増やすことができる。その点で、実証的で柔軟である。グルーベンマンの深度帯には、そのような実証性や柔軟性がなかった。

一九一〇年頃から第二次世界大戦までの変成岩理論の建設においては、ゴルトシュミットやエスコラをはじめとする北ヨーロッパの新興諸国の研究が、主体的な役割を演じた。エスコラがトーマス・バートやカール・コレンズとともに一九三九年に著した『岩石の生成』は、この北ヨーロッパの時代を記念する名著である。エスコラが変成岩の章、バートが火成岩の章、コレンズが堆積岩の章をそれぞれ書いた。

【先カンブリア時代】 先カンブリア時代は、古生代（約五億四二〇〇万年前〜約二億五一〇〇万年前）の始まりよりも古い地質時代である。すなわち、地球の生成（四六億年前）から五億四二〇〇万年前までの、約四〇億年間である。戦後、年代測定法が進歩し、先カンブリア時代に関する岩石学の研究は長足の進歩を遂げた。

---

7 変成過程で物質は動くのか？

変成作用を受けると岩石は見掛けが変化し、組織や鉱物組成が変化する。したがって、化学組成も変化するかもしれない。

普仏戦争のあとの一八七七年、ローゼンブッシュは、両国国境にあるアルザスとバール・アンドロウ地方の、花崗岩体のまわりに生じた接触変成帯を詳細に研究した。その結果、変成岩の化学組成は、水を除けば、原岩である粘板岩の化学組成とほとんど同じであって、変成作用の時に水が追い出されることを除けば、物質移動はほとんど起こらなかったと考えた。

これに対して、変成作用の時には、大規模な物質移動が起こり、岩石の化学組成も変化するであろうという意見は、多くの地質学者の間で根強く持ちつづけられていた。一九世紀の末頃には、フランスのオーギュスト・ミッシェル・レヴィやシャルル・バロアが、二〇世紀の初期には、フィンランドのヤコブ・ゼーダーホルムが、変成岩のなかに花崗岩質の物質が入り込んで、混成岩を生じている現象を観察して、大規模な物質移動を主張した。

泥質堆積岩は、花崗岩よりも多くのマグネシウムや鉄などを含んでいる。それが交代作用を受けて、花崗岩化される場合には、マグネシウム、鉄などは、変成地域の中央から外方に向かって駆逐されるという考え方がある。こうして駆逐された物質は、花崗岩体の上方や側方に集まって、塩基性の変成岩をつくると考えられた。そうしてできた塩基性岩体は、塩基性前線と名づけられた。この考えはユージン・ウェグマンやドリス・レイノルズによって主張された。

もう一つの考え方は、ナトリウム、アルミニウム、ケイ素などが地球の深部から上昇してくるのに対して、マグネシウム、鉄などは反対に、深所へ下降してゆくという意見である。

この過程が進めば、地殻の上部はナトリウム、アルミニウム、ケイ素に富む花崗岩質の岩石になり、下部はマグネシウム、鉄などに富む塩基性の岩石になる。この見解は、ハンス・ラムバークなどによって主張された。

【混成岩】　混成作用はマグマが外来の固体や流体を同化して、その化学組成が変化する現象である。混成作用によって生ずる岩石を混成岩と呼ぶ。

8　戦中の海賊版と戦後の高温高圧岩石学

戦前の岩石学の総決算であり、北欧学派の輝かしい時代の記念碑となった、バート、コレンズ、エスコラの共著『岩石の生成』は、一九三九年にベルリンで出版された。しかし、その年の九月には第二次世界大戦が始まって、ドイツと外界との間の交通はほとんど切れたので、この本は世界的にあまり行き渡らなかった。売れ残った大量の本は、ベルリンの倉庫に積んであったが、戦争中の空襲で焼けてしまった。日本には、ごく少部数が入ってきた。東京帝国大学の地質学教室の図書室も購入していなかったが、当時学部学生だった小島丈兒（じょうじ）は一冊購入していた。東京帝大地質学科の学生だった小林国夫と石岡孝吉の二人は、この本を小島に借りた。戦争中の日本政府は、欧米の学術書の版権停止を宣言していたので、この本の東京版は東京のある復刻屋から安価で売り出された。研究者や学生たちは、この安価な海賊版を購入して勉強した。この本のなかでエスコラは変成岩の章を執筆している。変成岩の微細構造と構造岩石学、変成反応と化学平衡、変成相、交代作用、物質の出入のほとんどない変成作用、変成分化といった順序で書かれ、当時の主な問題をすべて取り上げていた。

戦後、ヨーロッパの大勢の研究者がアメリカに渡って活躍した。ノルウェーに生まれたラムバークは、戦争中にオスロで始まった着想を発展させ、シカゴ大学において新しい変成岩岩石学を始めた。彼は重力や表面張力のように、従来の理論にとりいれられていなかった因子を考慮して、拡散による地殻のなかの大規模な物質移動を大胆に主張した。また、造岩物質に特に広く生ずる固溶体(二種以上の元素が均一に溶けあってできた固体)に注意を向けて、理論のなかに用いようとした。

一九五〇年代に入って、アメリカを中心に、著しい実験技術の進歩があった。ことに高圧合成技術が進歩し、水酸基(水素と酸素が結合した基)を含む鉱物や高圧鉱物の安定関係が急速に解明された。二〇〇〇気圧から四〇〇〇気圧くらいまでの熱水合成(一〇〇度以上の温度および一気圧より高い水の圧力条件で行なわれる鉱物の合成)が極めて容易になった。ジョージ・ケネディ、ハットン・ヨーダー、ルスタム・ロイなどの実験家が活躍した。変成鉱物の大部分は水酸基を含むので、その安定関係の決定は、熱水合成によってはじめて行なわれた。当時は変成岩の中に出現する藍晶石やひすい輝石などが高圧鉱物であるということさえ一般に認められていなかった。ローリング・ケース、フランシス・バーチ、ケネディなどの実験家によって、数万気圧までの高圧実験が行なえるようになって、藍晶石やひすい輝石の安定領域が高圧であることが明らかになった。またハンス・オイクスターが酸化還元状態を調節する技術を発明して、鉄を含むいろいろな鉱物の安定関係も容易に決定できるようになった。造岩鉱物の熱化学的研究も進んで、安定関係の理解を助けるようになった。また化学分析技術の進歩（たとえば蛍光分析）やX線的鉱物同定技術の進歩（たとえばX線回折装置）なども、研究の進歩に大きな影響を及ぼした。

第二次世界大戦前の変成作用の研究は、イギリス、ノルウェー、フィンランドなどのヨーロッパ諸国と、北アメリカ東部の野外調査にもとづいていた。戦後になって、グリーンランド、インド、オーストラリア、ニュージーランド、スラウェシ島（インドネシア）、日本、カリフォルニア、南極、アフリカ、中国などの調査が進んできた。戦前よく調査されていた地域にはみられないような現象が地球上にはたくさんあることが、明らかになってきた。たとえば、グリーンランドやインド半島や南極には、グラニュライト相の変成岩が広く露出していて、その調査はグラニュライト相についての認識をすっかり変化させた。また、ニュージーランドの南島では、それまで非変成とされていた地域が、広く変成再結晶作用を受けていることを、ダグラス・クームスがはじめて明らかにし、低温の鉱物相の変成岩を詳しく解明した。

スラウェシ島、日本、カリフォルニアなどの太平洋周縁の地方には、藍閃石片岩（青色片岩）など低温高圧型の変成岩が広く露出している。三波川（さんばがわ）変成帯についての都城秋穂、関陽太郎、坂野昇平などの研究は注目すべきものであった。

クームス
(1924－2016)

わが国の領家（りょうけ）変成岩は、戦前は世界に比較的稀な例外的なもので、一種の接触変成岩であるとされていた。戦後、日本、オーストラリア、西南ヨーロッパ、バルト楯状地（たてじょうち）などの調査が進み、広く出現する低圧型の広域変成岩であることが明らかになった。

一九五〇年代に入ってから、急激に多量に出現し始めた放射性同位元素による年代測定と、地震波による地殻構造の研究は、地質学全体に対して衝撃的な影響を与えた。ことに一九六〇年頃になると、世界のほとんど全体にわたって、年代や地殻構造がかなりよくわかってきた。この進歩は、変成帯や広域変成作用についての理解や、大陸の構成についての考え方にも大きな影響を及ぼした。

長い間、アフリカ大陸は巨大な単一の先カンブリア時代の剛塊（安定化した大陸地殻）だと考えられていた。戦後、アフリカ大陸は、カラハリ剛塊、コンゴ剛塊、西アフリカ剛塊の三つの剛塊と、それらをとりまいて分布する、先カンブリア時代末期の造山帯（汎アフリカ造山帯）からなることが明らかになった。

一九五〇年代にはまた、熱力学的な変成岩理論が著しく進歩した。ソビエト連邦科学アカデミーのディミトリ・コルジンスキーやハーバード大学のジェームズ・トンプソンなどによって、変成岩の鉱物構成についての新しい理論が建設された。彼らは変成岩が、水や二酸化炭素などの成分については開いた系であることを強調し、それをとりいれた熱力学的な理論をつくった。これは鉱物相の原理の新たなる発展であって、鉱物相の原理の基礎はこれによって明らかになった。

コルジンスキー
（1899－1985）

彼らはまた、交代作用の理論化への道を開いた。一九五〇年以前には、交代作用の研究は、もっぱら記載と空想で満たされ、主として物質の移動という面だけから理解しようとされた。しかし交代作用は、それと同時に、移動した物質が鉱物として定着するという面を含んでいる。定着するか否かは、鉱物の安定性に関係した問題である。この面からみると、交代作用の研究は、鉱物相の研究と密接な関係をもっている。水や

二酸化炭素が鉱物から放出される反応、酸化還元反応、固溶体鉱物の化学平衡などが研究され、変成過程におけるそれらの意味が明らかになってきた。熱化学的データにもとづく熱力学的計算が、鉱物の安定性の解明に有効に用いられるようになった。

一九七〇年代以降、電子線プローブ・マイクロアナライザ、蛍光X線分析装置、質量分析計などの分析機器の進歩・実用化が一段と進み、多量のデータが比較的容易に得られるようになった。これに伴い、相平衡論的な解析の精度がずっと上がってきた。

こうして、変成鉱物の化学的な不均質性や微細構造が、次々と白日のもとにさらされた。そして、相平衡論的な解析を行なう場合でも、鉱物内外での元素の拡散速度などの動力学的な観点からの考察が必要不可欠であることが次第に認識されるようになった。動力学的な研究を応用した地質速度計の開発は、小澤一仁（かずひと）によって始められている。

化学反応速度論に立脚した堆積学的研究を推進してきた水谷伸治郎は二〇一三年の論文の中で、変成岩岩石学の〝平衡論〟的議論に対する疑問を述べている。すなわち、「鉱物組成は、与えられた条件下では素早く平衡になり、しかし、その条件が変わっても、一度出来た鉱物組成は、変わらずにそのまま残るという〝平衡論〟は、著しい自己矛盾を孕んでいる」と指摘している。

現在、空間的な変成度変化を示す変成分帯に加えて、鉱物の成長累帯構造や、多様な包有物の系統的な配置をもとに、個々の岩石における、変成条件の時間的な変化を追跡する研究も始められている。従来は、変成場に定常的な地温勾配(地下深度に対する温度上昇の割合)を想定し、それが変成相系列を決定すると漠然と考えられていた。しかし、定常的な地温勾配の仮定は静的であり、本来動的なテクトニクス論とは合わない。変成岩形成の要因としての、時間の重要性が改めて認識され、変成分帯で示されるような、空間的な変成度上昇に対しては「累進」、個々の岩石の、時間の経過に伴う変成度上昇に対しては「昇温」という語を使って区別するようになった。こうして変成岩研究の一つの重要な手法として、個々の変成岩のたどった圧力・温度・時間の履歴(さらに変形作用を加えることもある)を追跡するようになった。

一九八〇年代中頃に登場した、オーストラリア国立大学のSHRIMPと呼ばれる二次イオン質量分析計は、複雑な履歴をもつ岩石の形成史の解明には極めて有用である。

最後に、近年名古屋大学において開発されたCHIME法について述べたい。一九九一年に、鈴木和博、足立守、田中剛の三人によって開発されたCHIME法は、同位体比を測定せずに、元素の定量分析値から年代を計算するのが特徴であり、普通のマイクロアナライザ

鈴木和博
(1947−2016)
26歳

を用いて、SHRIMPとほぼ同様の成果を得るという画期的な方法である。CHIME法とは、Chemical Th-U-total Pb Isochron Method の略である。この方法は、モナズ石やジルコンについて、そのサブグレイン年代(鉱物粒子の各部分が形成された年代)が得られるため、モナズ石やジルコンを含む岩石であれば、その岩石の経た歴史の解析に使用できる。その点で地質学にとっては、非常に適用範囲が広く、魅力的な手法である。

【三波川変成帯】 三波川変成帯は、東は関東山地から西は九州佐賀関(さがのせき)半島まで約八〇〇キロメートルの低温高圧型の結晶片岩の地帯である。ひすい輝石は $NaAlSi_2O_6$ 組成の輝石で、三波川変成帯のような低温高圧型の変成岩中などに産する。

【変成相系列】 一つの累進変成地域には、いくつかの変成相が、温度上昇の順序に並んで出現する。そのような変成相の連なりを、都城秋穂は変成相系列と名づけた。

第５章　日本における変成作用の研究史

第５章では日本における変成作用の研究史を述べたい。

戦前の変成作用の研究は小藤文次郎の三波川帯の研究で始まった。小藤は紅簾石を三波川帯の結晶片岩の中から発見した。従来マンガン鉱床からだけしか見出されない鉱物だと信じられていた常識を破ったのだった。

小川琢治は一高在学中に濃尾大地震（一八九一年）の惨状を目撃して、電気工学科志望を地質学科志望に変えた。地質学科卒業後、地質調査所において精力的な地質調査を重ね、西南日本地質構造論を展開した。なお小川琢治は湯川秀樹（理論物理学）の父である。

鈴木醇（じゅん）は三波川帯をニグリ流に研究したが、三波川結晶片岩を先カンブリア時代の岩石だと信じていた。

その後、杉健一や小出博などによって、新しい変成作用の研究が始まったが、ヨーロッパで解明された、累進変成作用の本質を理解することができなかった。なお、杉健一は杉捷夫（としお）（フランス文学）の兄である。

小林貞一（ていいち）は地向斜造山説にもとづいて、日本列島の地史を体系的に記述した。太平洋戦争勃発の直前であった。

戦後、日本の変成帯研究は多くの研究者によって精力的に進められた。小島丈兒らによる三波川帯の構造地質学的研究、都城秋穂らによる三波川帯の変成分帯を目的とした研究、石岡孝吉による宇奈月地域での十字石・藍晶石片岩の発見を機に高揚した飛騨変成帯の研究などが進められた。

領家変成帯においては、十字石片岩形成の第一時階と低圧高温の第二時階が識別された。阿武隈変成帯でも、加納博らによって、中圧型の第一時階と低圧型の第二時階が識別された。日高変成帯においては、小松正幸らによって、大陸性地殻と海洋性地殻との接合衝上体説が主張された。

都城秋穂はエスコラの変成相の研究を発展させ、変成相系列の概念を明示し、さらに変成相系列を低圧型・中圧型・高圧型の三つに分類し、「対になった変成帯」の概念を明示した。その後、プレートテクトニクス学説が出現した。高圧型の変成帯は古い地質時代の沈み込み帯の目印として、広く使われるようになった。

1　戦前の変成作用の研究史　小藤文次郎から小林貞一へ

小藤文次郎は一八七九(明治一二)年七月に、東京大学理学部地質学科を第一期生として卒業した。小藤一人だけの卒業であった。

一八八〇(明治一三)年一〇月にドイツ留学に旅立ち、ライプツィヒ大学のツィルケル教授に師事し、偏光顕微鏡による岩石薄片観察の研究に没頭した。一八八四(明治一七)年四月に帰国し、直ちに東大理学部講師になった。同年一〇月に、ライプツィヒ大学から博士号が贈られた。小藤は一八八五(明治一八)年に、東大理学部教授に就任した。

一八八六(明治一九)年に、三波川変成岩中の藍閃石を記述し、一八八七(明治二〇)年に、三波川変成岩のなかに紅簾石を発見して記載した。それまで紅簾石はマンガン鉱床に産する鉱物として知られていた。紅簾石が普通の変成岩にも産することは、世界最初の発見であった。

小藤文次郎
(1856 – 1935)

ついで小藤は一八八八(明治二一)年、関東山地の三波川結晶片岩から古生界(秩父古生層)まで、地層がほぼ整合に累重していることを明らかにした。三波川結晶片岩の上位に、緑色千枚岩の特に多い層準があることに注目し、それを上下から独立させて一つの層位学的単位とし、これを御荷鉾(みかぶ)統と呼んだ。御荷鉾統は主に苦鉄質火砕岩であるが、なかには貫入岩(斑れい岩や輝緑岩)もあった。小藤は結晶片岩の下が不整合で、

片麻岩が存在すると考えていた。

小川琢治は一八七〇(明治三)年、和歌山県田辺に生まれた。一高を経て東京帝大地質学科に入り、一八九六(明治二九)年六月に大学を卒業し、翌一八九七(明治三〇)年一月、農商務省地質調査所の技師となり、その夏には二〇万分の一地質図高知図幅の調査に入った。

高知図幅の範囲は、西南日本の内帯から外帯の大部分の地質を概観することとなり、小川自身の地質観形成の重要な機会となった。三波川帯はこの地域で分布幅が最も広く、良好な層序がみられた。下位にある大崩壊(大歩危)層と上位にある別子層との関係が、変成相では逆転しているように見えることに注目した。

小川はさらに、一九〇三(明治三六)年に木本図幅、一九〇四(明治三七)年に鳥羽図幅をまとめており、それらの結果を含めて、「西南日本地質構造論」を次のように論じた。

(一)中央構造線は、片麻岩帯(領家帯)と結晶片岩帯(三波川帯)の境界である。中央構造線の形成と白亜系和泉層群の堆積および変形との関係を論じた。

(二)西南日本の東西方向の帯状構造は、原構造を示す基本的なものである。

(三)古い構造は、主としてジュラ紀(約一億九九六〇万年前~約一億四五五〇万年前)以前に形成され、白亜紀（約一億四五〇〇万年前〜約六六〇〇万年前）以後の地層はその上に重なっている。

㈣領家帯の片麻岩類は、先カンブリア時代のものではない。古生層の中に礫として入っていない。また古生層が変成作用を受けているものがある。その変成作用は接触変成というべきものである。

㈤三波川帯の結晶片岩類は、領家帯と異なり、動力変成岩である。その中には褶曲構造があり、逆転しているところもある。その変成時期は白亜紀以前である。

鈴木醇は、一九一八（大正七）年に二高から東京帝大の地質学科に進んだ。一九二一（大正一〇）年に卒業して、大学院に進み、新任の加藤武夫教授の下で、「三波川系中の層状含銅硫化鉄鉱床」の研究に没頭した。一九二四（大正一三）年に一高教授となり、一九二八（昭和三）年三月から一九三〇（昭和五）年二月まで、チューリッヒ工科大学のポール・ニグリ教授の下に留学した。同年四月に、新設の北海道帝国大学理学部地質学鉱物学教室の教授に三三歳の若さで就任した。

鈴木はキースラガー（層状含銅硫化鉄鉱床）の研究には鉱床だけではなく、それを胚胎する結晶片岩

の研究も重要であると考えて、まず四国を中心に、結晶片岩類の岩石学的研究を始めた。

鈴木の学風は、ドイツ風の記載的岩石学に近く、グルーベンマンやニグリの伝統に従って、四国の三波川変成岩を研究した。変成岩の標本を、まず化学組成によって分類し、それらの各々を鉱物組成によって細分した。そして、それらの一つひとつの見掛け、産出状態、鉱物組成、化学組成などを記述した。

鈴木は三波川系の結晶片岩は、地質学的に見て広範な区域にわたり、全く同じ条件の下で生成したと思われるにも拘わらず、原岩の化学組成の差異によって、いろいろな片岩を生じたと述べている。たとえば、藍閃石は特殊な化学組成をもつ原岩のなかにできるのであって、特別な温度や圧力によるものではないと述べている。

鈴木は三波川系の変成作用の完了後に、御荷鉾系の堆積と変成作用が起こり、その完了後に秩父系の堆積が起こったと考えた。鈴木は三波川系の変成作用は先カンブリア時代かもしれないと述べている。鈴木は、三波川系全体が同じ程度の変成作用を受けたとしたから、現在の上下関係を、最初からの自然の位置関係だとみなした。

杉健一は一九〇一（明治三四）年に、新潟県柏崎市に生まれた。三高を経て東京帝大地質学科に入学し、一九二五（大正一四）年に卒業した。東京帝大の同級生には、冨田達、末野悌六、大平安などがいた。

東京帝大卒業後、杉は東京帝大の助手になり、茨城県筑波地方の花崗岩や変成岩類の研究を始めた。杉は片麻岩は、堆積岩起源の変成岩の中に花崗岩質の物質が入り込んでできた混成岩（ミグマタイト）だと主張した。杉は筑波地方の変成岩類を、点紋黒雲母粘板岩の地帯と、片状ホルンフェルスの地帯と、片麻岩の地帯の三つに分けた。これら三つの地帯は、この順序で東から西に向かって並んでいて、その順序で変成度が高くなると考えた。花崗岩体は片麻岩帯の西側に広く露出している。杉は三つの地帯は、それぞれ違った成因によってできたと考え、それらの地帯と地帯との間の鉱物変化については考えていない。杉には累進変成作用という観念はなかった。

杉は一九二八（昭和三）年に東京帝大農学部の講師になり、筑波地方の研究と並行して、丹沢山地の中川流域の変成岩を研究した。

杉は丹沢山地の変成地域を、南から北へ順次に、不変成帯、緑色片岩相帯、アクチノ閃石緑色片岩相帯、漸移帯、角閃岩相帯に分けた。緑色片岩相帯は動力作用とアルカリ溶液の交代作用、アクチノ閃石緑色片岩相帯は動力作用とその帯に貫入した輝緑岩や輝石岩の熱的作用、角閃岩相帯は動力作用の後の石英閃緑岩体貫入の熱的作用でそれぞれできたと考えた。杉は丹沢山地でも、その変成岩全体を同一の原因でできた累進

変成作用の一系列とは見ないで、帯ごとに異なった説明を与えた。

杉は一九三一(昭和六)年に、東京高等師範学校の教授になった。杉は阿武隈高原南部の変成岩類や、長野県高遠付近の鹿塩(かしお)片麻岩について研究した。

一九三九(昭和一四)年に、杉は九州帝国大学理学部地質学教室の教授になった。杉の興味は火山岩に転じ、四国高松付近の讃岐岩類の混成作用や、山口県萩市の玄武岩類を研究した。杉は一九四八(昭和二三)年、結核を病んで逝去した。四七歳であった。

小出博は一九〇七(明治四〇)年に東京で生まれた。一九三一(昭和六)年に東京帝大農学部林学科に入学し、一九三四(昭和九)年に卒業した。小出は農林地質学を専攻するために、卒業後すぐに東京帝大大学院に入学し、一九三九(昭和一四)年まで五年間在学した。大学院のはじめの二年間は、東京帝大理学部地質学教室で学部学生に混じって、地質学(ことに岩石学)の講義を初歩から聞いた。

小出は、愛知県東部の設楽町の段戸山周辺の領家変成岩と花崗岩類を研究した。小出は段戸山地方の領家変成地域を、北から南へ向かって、片状ホルンフェルス帯、漸移帯、縞状片麻岩帯という三つの地帯に分けた。小出も杉と同じように、累進変成作用という観念がなく、各々の地帯に違った成因を与えた。小出は、地球の深部のどこかから地殻の中を上昇してくるエマネイションが交代作用を起こし、それによって段戸山地方の三つの変成地域を作ったのだと結論した。

小出は、段戸山地方にもとあった堆積岩は全体が一様な化学組成をもち、それは多治見市地域の非変成古生層の泥質岩一七個の混合試料と、同じ化学組成をもっていたと仮定した。そして現在みられる三つの地帯の変成岩の化学分析値を、その混合試料の分析値と比較して、その違いを交代作用の結果だとした。小出は交代作用を起こしたというエマネイションを、アルカリ・アルミナ・エマネイションと呼んだ。そして、もとの泥質岩が変成作用の時に、白い縞と黒い縞に分かれて縞状片麻岩になったのだという変成分化説を主張した。

鈴木、杉、小出らの変成岩の研究に並行して、変成地域の地質調査も進んだ。領家変成岩はほとんど不変成の古生層に移化することが、石井清彦などによって発見された。したがって古生代以後に生成したものであることが明らかになった。三波川変成岩については、加藤武夫や鈴木醇は依然として、先カンブリア時代のものと考えていたが、小川琢治は古生層が変成したものであろうと考えるようになった。

変成岩の地質構造上および地史学上の意義を論じて、人びとの興味を転換させたのは、小林貞一であった。一九二七(昭和二)年に東京帝大地質学科を卒業した小林は私費でアメリカに留学した。小林の親友だったコロンビア大学のマーシャル・ケイは、ドイツのハンス・シュティレのテクトニクスを細かく検討しながら、地向斜造山説にもとづく、アメリカの構造発達史を組み直しつつあった。小林は一九四一(昭和一六)年に、佐川造山輪廻に関する長大な英文論文を発表した。これは、地向斜造山説にしたがって日本列島の地史(テクトニクスな発達史)を体系的に記述した最初の論文であった。

小林はそれまでの調査でわかったことを整理して、本州および四国における主な変成岩を、飛騨、三郡、領家、長瀞(三波川および御荷鉾)という四つの地帯に分けた。そして日本列島は、古生代にできた秩父地向斜が、古生代と三畳紀(約二億五一〇〇万年前~約一億九九六〇万年前)の秋吉造山輪廻によって、まず飛騨帯と三郡帯を生じ、次にジュラ紀・白亜紀の佐川造山輪廻によって、領家帯と長瀞帯を生じたと主張した。小林の論文は、一九四〇~五〇年代の日本の地質学界に、多大な影響を及ぼした。

松本達郎は一九四九年の著書『日本地史学の課題』で、「小林貞一博士の日本群島地体構造論は、たしかに氏独特の卓見もあるけれども、率直に批判して、内成岩類の取扱いについて、根本的の弱点の一つがあると私は思う」と述べ、「日本の地体構造は、どちらかというと、層序学から入門した地史学者・構造地質学者が論じている」と指摘し、「日本の地体構造を論ずるに当たって、内成岩類は大事な要素として、考慮に入れられていた。しかし……その取扱い方は、浅薄なものであったといわざるを得ない」と反省している。さらに日本の変成帯の構造論は、環太平洋変動帯一般に通ずるものとして解かれるものとの予測を述べ、「しっかりした層序論と、正確な地質構造の調査を土台とする地質構造発達史的の研究はもちろん、内成岩類についての基礎深いしっかりした研究が、ある段階まで進まなければならない」と卓見を述べている。

【藍閃石】　藍閃石はアルカリ角閃石の一種であり、三波川変成岩のように高圧型結晶片岩中に産する。
【アクチノ閃石】　アクチノ閃石は角閃石族の一つのメンバーであり、変成岩中に産する。
【紅簾石】　紅簾石は緑簾石族の一つのメンバーであり、マンガンに富む。緑色片岩相や藍閃片岩相のような、低温の珪質変成岩中に産出する。
【輝緑岩】　輝緑岩は輝石とカルシウムに富む斜長石からなり、オフィチック組織（輝石の結晶が短冊状の斜長石により貫かれている組織）をもつ岩石で、岩床や岩脈として産する。
【地向斜造山説】　地向斜は地殻の撓曲（とうきょく）によって形成された深い堆積盆である。地向斜形成の原因は地球の収縮だと考えられた。地向斜造山説は、地向斜が造山帯に転化するという説である。
【層状含銅硫化鉄鉱床】　主に黄鉄鉱・磁硫鉄鉱からなる緻密塊状の硫化物集合体からなる層状の鉱床をキースラガーまたは層状含銅硫化鉄鉱床という。

2　戦後の変成作用の研究史　小島丈兒から都城秋穂へ

小島丈兒は、一九四〇（昭和一五）年に東京帝国大学地質学科を卒業し、一九四四（昭和一九）

年に、三波川帯からスチルプノメレンを発見した。一九四五（昭和二〇）年六月に、広島文理科大学（後の広島大学）助教授になった。八月六日は、山口県熊毛郡上関町を、学生たちと地質調査中に、原爆投下の大爆音を聞いた。

広島は原子爆弾の攻撃を受け、さらに九月の枕崎台風によって、文理科大学と高等師範学校において長年にわたって蓄積されていた標本・図書・機材が失われた。そこで戦後、小島は野外調査を主とする構造地質学的研究の道に進むことを決意した。小島は地質学的認識は、頭脳を含めた肉体諸器官が全体として行なう人間活動であると説き、フィールドワークの重要性を強調していた。こうして小島は一九四六（昭和二一）年に、三郡帯、領家帯、三波川帯の本格的な野外調査を始めた。

小島丈児
（1916－2006）
60歳

広島大学グループの約一〇年間の調査の結果、三波川帯の構造は案外に単純であることがわかり、構造解析や層序決定ができた。小島らは、原岩の層理面と、変形作用の時の褶曲の軸面に沿う片理面とを区別した。三波川帯のなかの大部分を占める無点紋帯は、全体として比較的緩傾斜の大きいうねりの構造をもち、その波長は数キロメートルから一〇キロメートルくらいである。しかし、別子・白滝地方の点紋帯には、南方へ倒れた大きな横臥褶曲構造があって、その核心部には東赤石山（ひがしあかいしやま）のかんらん岩体が入っていることを、秀敬（ひでけい）や吉野言生（げんせい）らの協力で発見した。

広島大学ではさらに進んで、変成帯の構造岩石学的研究を追究した。濡木（ぬれき）輝一、原郁夫、鈴木堯士（たかし）らがこれに参加した。こうして、地質図、露頭、薄片の各スケールの構造地質学を総合した構造地質学の学派に成長した。

原郁夫は三波川変成帯を主な研究対象にして、内成岩類の岩石構造学・岩石変形論の精力的な研究をつづけてきた。原は自分自身の研究過程をふりかえって、詳細な変成帯研究史を発表しつづけている。

一九九八年に鈴木堯士は『四国はどのようにしてできたか』を刊行した。西南日本外帯（西南日本において中央構造線の南側の地帯）では、北から三波川変成帯・秩父累帯・四万十帯が分布し、そして秩父累帯の北帯と中帯を境して、黒瀬川構造帯が分布する。鈴木は四十余年間の調査の結果をわかりやすくまとめた。**図4**は、四国における西南日本外帯の地殻形成を示すモデルである。

黒瀬川構造帯の模式地は愛媛県西予市城川町（旧黒瀬川村）で、その分布は、九州八代から四国・紀伊半島を経て関東山地まで、総延長は一〇〇〇キロメートルに及んでいる。

黒瀬川構造帯を構成するレンズ状岩石群を、鈴木は六つのグループに分けた。

㈠非変成のシルル紀（約四億四三七〇万年前～約四億一六〇〇万年前）～デボン紀（約四億一六〇

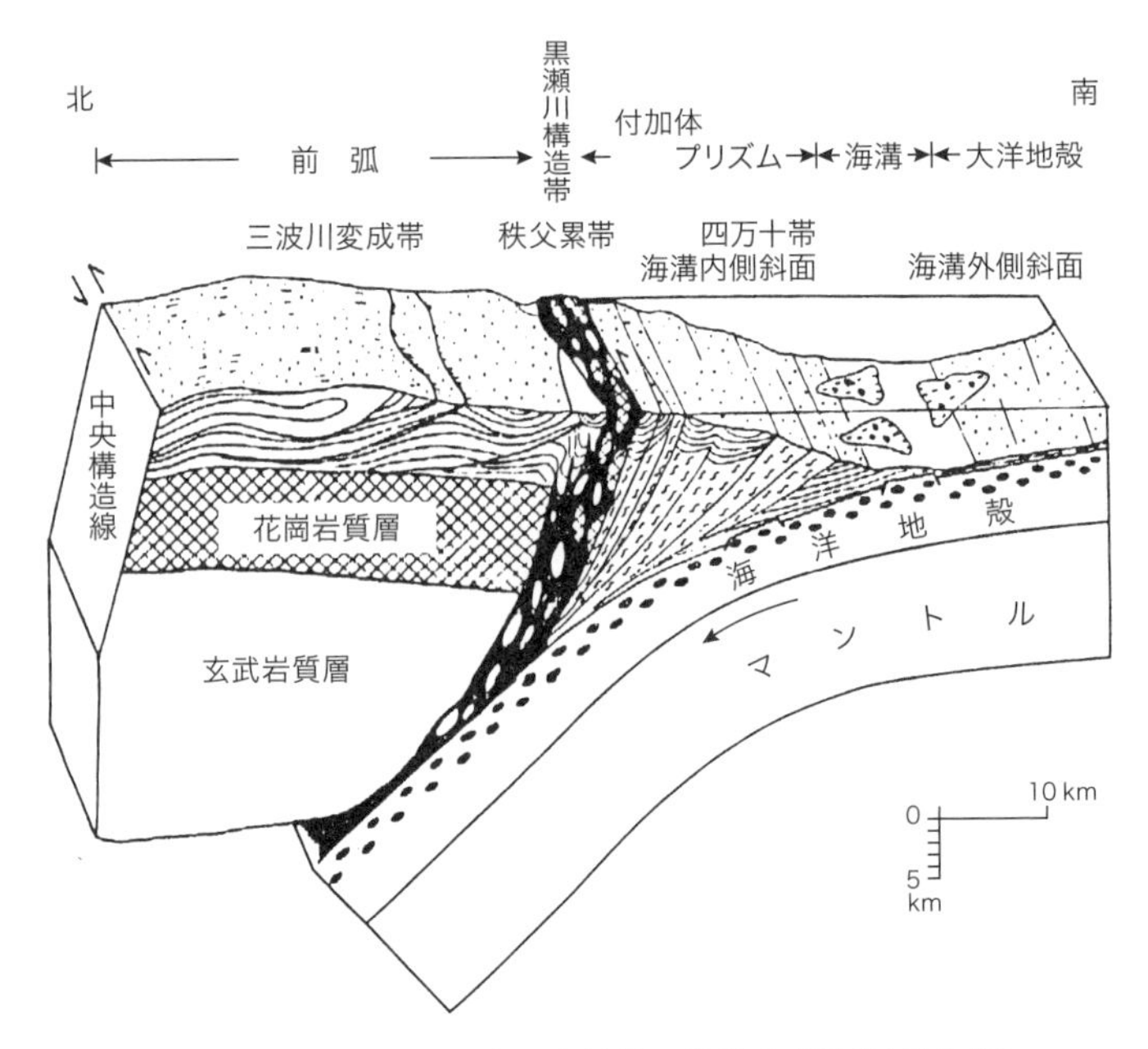

図４　四国における西南日本外帯の地殻形成過程(新生代)を示すモデル(鈴木(1998)より引用)

○万年前～約三億五九二○万年前)層。

(二)花崗岩質岩石と高度変成岩。放射年代は約四億年。

(三)含黒雲母片岩と中変成度の角閃岩。放射年代は約四億年。

(四)パンペリー石・藍閃石片岩。放射年代は三・一～四億年。

(五)ひすい輝石・藍閃石片岩。放射年代は二～二・四億年。

(六)中生代以降の非変成堆積岩類。三畳紀(約二億五一○○万年前～約一億九九六○万年前)から白亜紀(約

一億四五〇〇万年前〜約六六〇〇万年前）までのさまざまな地層。

これらのグループは、蛇紋岩によってその周囲を取り囲まれており、各岩体ともブロック状を呈している。

市川浩一郎らの黒瀬川構造帯の論文発表（一九五六年）の四年前の日本地質学会年会で、市川ら「黒瀬川グループ」の面々は、五つの講演を並べて黒瀬川構造帯を謳いあげ、小林貞一との間で激論をたたかわせた。小林は、「横倉火成岩」を白亜紀中期の佐川フェイズの後半に貫入したものと考えていた。

四国中央部三波川帯の変成分帯を主目的とした研究は、一九五八年に都城秋穂と坂野昇平によって、ついで一九六四年に坂野によって行なわれ、国際的にも注目された。中島隆らは、三波川南縁帯の思地（おもいじ）・長沢地域の塩基性岩源変成岩の相律岩石学的研究を行なった。榎並正樹は、三波川帯の最高温度部の研究を行なった。榎並は別子地域の黒雲母帯を、高温部の灰曹長石黒雲母帯と低温部の曹長石黒雲母帯の二帯に分けた。

小松正幸らは、一九七〇年代以降、日高変成帯を精力的に調査した。小松らは、一九五〇年代以来、舟橋三男らによって提唱されていた日高変成帯の岩石と構造を、抜本的に検討し直した。そして、日高変成帯は大陸性地殻（日高変成帯主帯）と海洋性地殻（日高変成帯西帯またはポロシリオフィオライト）という異なる地殻の接合衝上体であることを明らかにした。小松らは、日高変成帯のグラニュライト相を含む高温型変成岩類が世界で最も若い年代であるこ

石岡孝吉
（1919－2014）
79歳

とを明らかにし、さらに下部地殻を含めた、島弧および大陸性の地殻形式に関して、一つのモデルを提唱した。

飛騨変成帯については、石岡孝吉による、宇奈月地域（富山県北東部）からの、十字石や藍晶石を含む結晶片岩の発見が特筆されよう。石岡の発見は、当時の日本地質学界の大きな注目を集めた。ついで石岡と筆者は、流紋岩源のレプタイトが、交代変成作用によって、十字石結晶片岩を生じ、その際、晶質石灰岩が障壁の役割を演じたと主張した。この宇奈月地域の晶質石灰岩から、廣井美邦（よしくに）らは、古生代末期のコケ虫や有孔虫の化石を発見し、宇奈月帯は飛騨変成帯と区別されるべきだと提唱した。廣井は、宇奈月結晶片岩帯の昇温変成反応と変成条件の詳細な解析を行なった。

筆者は宇奈月結晶片岩帯の南方延長を追跡する目的で、片貝川上流東又谷地方の調査・研究をつづけた。その結果一九七九（昭和五四）年、北又谷と笠谷では、宇奈月結晶片岩類は層厚八二五メートルであり、紅柱石と珪線石（フィブロライト）を産出することを明示した。つづいて奥井明彦は、片貝川上流地域において、飛騨片麻岩帯と宇奈月結晶片岩帯とは、幅二〇〇〜五〇〇メートルの圧砕岩帯で接することを明らかにした。この圧砕岩帯はエボシ衝上断層の南方延長と考えられる。

飛騨変成帯は、主体となっている飛騨片麻岩帯が中核を占める。これは西方の隠岐島後にまでつづくと考えられるので、飛騨・隠岐テレーンと呼ばれる。この飛騨片麻岩帯をとりまいて、宇奈月結晶片岩帯が分布する。すなわち、東縁の宇奈月地域から、東南縁の荒城川地域と牧戸地域、南縁の石徹白地域と朝日地域へと連続する。さらに、この宇奈月結晶片岩帯をとりまいて飛騨外縁帯が連続する。飛騨外縁帯には、蛇紋岩体の構造ブロックとして、藍閃石片岩、ざくろ石角閃岩、変斑れい岩、中期・末期古生層群が分布している。

中核を占める飛騨片麻岩帯は、先カンブリア時代から古生代にいたる、さまざまな原岩生成年代をもつ地塊の集合体であり、最後に二億四〇〇〇万年前から二億二〇〇〇万年前の大規模な変成作用を受け、一億八〇〇〇万年前の船津花崗岩の貫入の影響も受けている。飛騨片麻岩帯の年代に関しては、大本洋、石坂恭一、山口勝、柴田賢、野沢保、ロバート・ウォンレス、田中剛、星野光雄、足立守、浅野将人、筆者などの研究がある。なお、以上に関連して、一九七〇年に足立は、岐阜県上麻生のジュラ紀の礫岩中から、花崗片麻岩礫を発見した。この花崗片麻岩礫が、柴田によって二〇億年前のものであることが明らかにされ、地質学界に大きな反響を呼んだ。

鈴木盛久は西部岩体の小鳥川地域において、グラニュライト相を示す、ざくろ石・単斜輝石岩（エクロジャイト）を切る塩基性岩脈が角閃岩相の変成作用を受けていることを確認し、飛騨片麻岩は、はじめグラニュライト相の変成作用を受け、次に角閃岩相の変成作用を受けたと主張した。

飛騨片麻岩帯には、不定形の網状ないし脈状でペグマタイト質の小規模岩体がある。灰色花崗岩と伊西輝石モンゾニ岩である。灰色花崗岩は西部岩体域に分布し、伊西輝石モンゾニ岩は東部岩体域に分布する。両岩については、小林英夫、佐藤信次、野沢保、相馬恒雄らが精力的に調査・研究した。相馬は、灰色花崗岩ははじめ、上部角閃岩相ないしグラニュライト相の条件下で変成作用を受け、後に緑色片岩相程度の後退変成作用を受けた岩石であると主張した。

加納隆は、飛騨片麻岩体と船津花崗岩体との境界に沿って眼球片麻岩体が出現することに注目し、眼球片麻岩は一種の複変成岩であると主張した。藤吉瞭(あきら)は、飛騨片麻岩帯の東部岩体(黒部川・片貝川・早月川地域など)を広く踏査し、特にカリウム長石の三斜度について詳細な解析を行なった。

伊藤正裕は、朝日岳地域の飛騨外縁帯を研究し、雲母片岩中の白雲母のカリウム－アルゴン法(放射年代測定法の一種、次のルビジウム－ストロンチウム法も同様)によれば三億一一〇〇万年前であり、ルビジウム－ストロンチウム法によれば三億二三〇〇万年前であることを明示した。

以上のことから、飛騨・隠岐テレーンの形成史は**表2**のようにまとめられる。

表2 飛騨・隠岐テレーンの形成史(Suwa(1990)より引用)

1.8億年前	船津花崗岩の貫入．それによる飛騨変成岩体および宇奈月結晶片岩体の接触変成作用．
2億年前	宇奈月結晶片岩体上への飛騨変成岩体の衝上運動．
2.4億年前	宇奈月結晶片岩帯の形成．飛騨変成帯の中期変成作用(II)．
3億年前	花崗岩の貫入．
3.2億年前	宇奈月結晶片岩体の原岩の堆積作用．
4億年前	飛騨変成帯の中期変成作用(I)．
6億年前	灰色花崗岩の貫入．飛騨変成帯の古期変成作用(II)．
11億年前	花崗岩の貫入．
18〜16億年前	飛騨変成帯の古期変成作用(I)．
20億年前	飛騨変成岩体の原岩の堆積作用．花崗岩の貫入．

筆者は一九六一年に、領家変成帯全体にわたって変成分帯を行なった。

その後、浅見正雄は、愛知県幡豆(はず)地方石塚峠から十字石片岩を発見した。筆者は、領家変成作用は、変成条件を異にする二つの時階からなると指摘した。すなわち、第一時階は比較的低温で中程度の圧力条件下で変成作用が進行し、十字石・ざくろ石・白雲母・黒雲母・石英・斜長石などが形成された。次の第二時階は第一時階にくらべて若干温度は高く、逆に圧力は若干低い条件で変成作用が進行し、珪線石・ざくろ石・紅柱石・黒雲母・石英・斜長石・白雲母などが形成された。

その後、浅見、宮川邦彦、星野、筆者のグループと三宅明らのグループは、愛知県三河地方の調査・研究を継続し、三河地方(幡豆・蒲郡・本宮山・段戸山地域)に広く、十字石片岩が分布

加納博
(1914－2009)
65歳

することを明らかにした。

さらに、端山好和は、山田直利、山田哲雄、仲井豊らとともに、主として中部地方の領家帯の花崗岩類を精力的に調査・研究し、花崗岩類相互の貫入・被貫入関係を詳しく検討した。その結果、古期花崗岩類と新期花崗岩類に大別し、古期にも四時階、新期にも五時階あることを明示した。

山田直利は、河田清雄、小井土由光、原山智らとともに、濃飛流紋岩類を精力的に調査・研究した。濃飛流紋岩類は、岐阜県飛騨・東濃地方から長野県木曽地方にかけて、北西－南東方向に約一二〇キロメートルにわたって連続する、白亜紀後期の珪長質火山岩類であり、流紋岩質ないし流紋デイサイト質の溶結凝灰岩を主体とする。

濃飛流紋岩類は白亜紀後期の領家帯の花崗岩類に貫入されている。

阿武隈変成帯については、都城によって、低圧高温型変成岩の性状が明示され、その後、加納博、黒田吉益、宇留野勝敏などによって、藍晶石や十字石を含む変成岩が発見された。中圧型変成作用が先行し、ついで低圧型変成作用がつづいた。廣井美邦らはＳＨＲＩＭＰによる年代測定を行ない、一億二二〇〇万年前に中圧型変成作用が起こり、一億一七〇〇万年前に低圧型変成作用が起こったことを明らかにした。これは領家変成作用の第一時階と第二時階の関係によく似ている。

都城秋穂の変成岩成因論の研究は、顕著なものである。都城はまず、アルミニウムのケイ酸塩の多形相（珪線石・藍晶石・紅柱石）の安定領域が、温度と圧力だけで決まり、ストレスを必要としないことを熱力学的考察から導いた。都城は、朝鮮半島中部の福辰山近傍の変成岩を観察し、藍晶石が晶洞内で放射状に成長していることを発見した。この事実は、アルフレッド・ハーカーのストレス鉱物説（藍晶石の生成にはストレスを必要とする学説）を否定するものであり、変成作用の主な条件は、温度と圧力であることを示すものであった。

次に都城は、カルシウムに乏しいざくろ石の安定関係を岩石学的・結晶化学的に解明した。

さらに都城は、大隅石・菫青石・インド石・角閃石・藍閃石などの記載的研究をつづけ、変成岩成因論研究の基礎を築いた。

こうして、一九五〇年代の末までに、主な変成鉱物の性質や産状を説明することができたので、都城はそれを基礎として、地球上の変成岩全体の出現状態の規則性を説明しようと試みた。一つの累進変成地域には、いくつかの変成相が温度の上昇の順序に

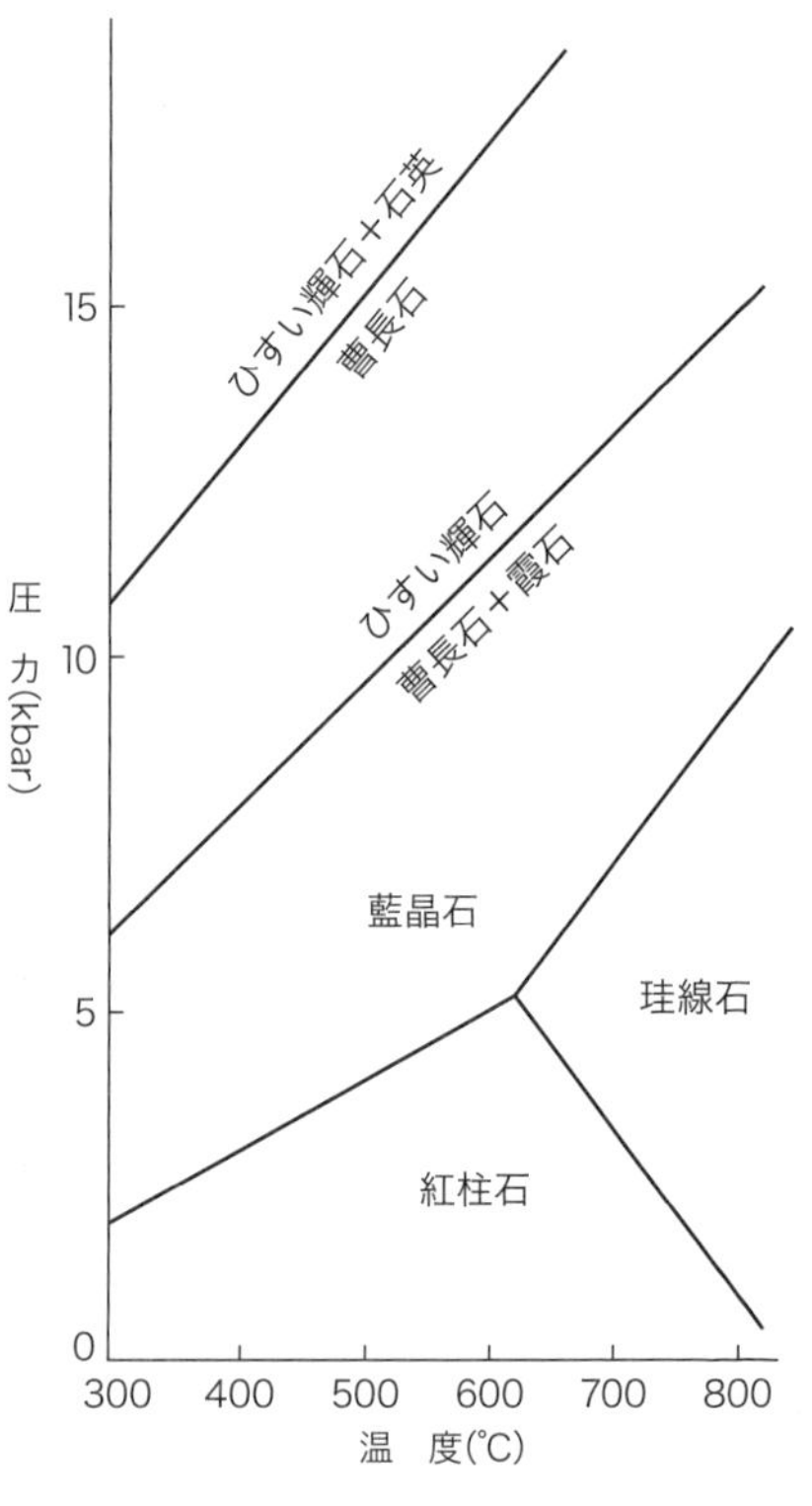

図５　アルミニウムのケイ酸塩の多形相（珪線石・藍晶石・紅柱石）の安定関係を示し，同時に，ひすい輝石を含む固態反応関係を示す（Miyashiro（1973）より引用）

並んで出現する。そのような変成相の連なりを、都城は変成相系列と名づけた。地球上にみられる変成岩や変成作用の多様性は、変成相系列の多様性によるものとして、分類・整理することができる。さらに都城は、さまざまな変成相系列の間の主な鉱物学的な違いは、圧力の違いに帰することができることを示した。こうして都城は、地球上の変成相系列を、低圧型・中圧型・高圧型の、三つの主な種類に分類することを提案し、その三つの変成相系列の間の鉱物学的な性質の違いを温度と圧力の違いによって説明した。

図5は、アルミニウムのケイ酸塩の多形相（珪線石・藍晶石・紅柱石）の安定関係を示したも

のである。同時に、曹長石＋霞石＝ひすい輝石の固態反応線と、曹長石＝ひすい輝石＋石英の固態反応線とを示してある。

図6は、**図5**に、低圧型変成作用・中圧型変成作用・高圧型変成作用の変成相系列を示してある。

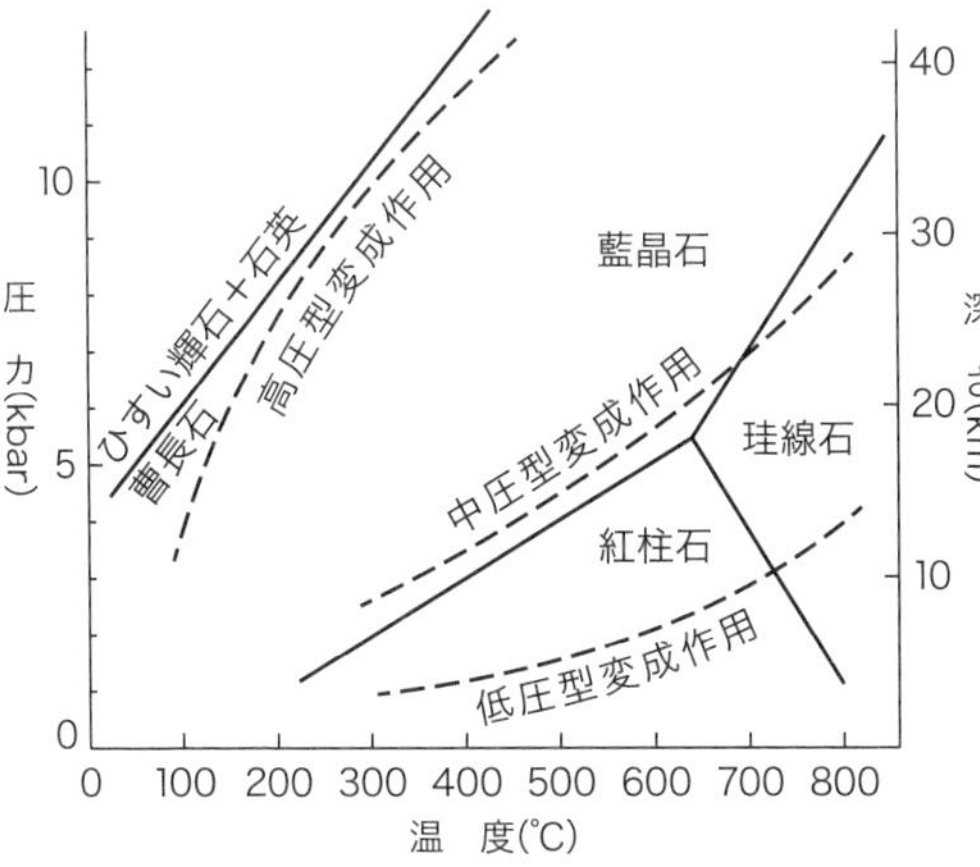

図6　アルミニウムのケイ酸塩の多形相安定関係図とひすい輝石を含む固態反応関係図に，低圧型変成作用・中圧型変成作用・高圧型変成作用の変成相系列を示す（Miyashiro（1973）より引用）

図7は、多くの変成相の温度－圧力関係を示したものである。

環太平洋地域では、低圧型の変成相系列をもつ変成帯に平行して、高圧型の変成相系列をもつ変成帯が大洋側に並んでいる。この「対になった変成帯」では、低圧型の変成帯は、島弧の火山帯の地下で生じ、高圧型の変成帯は、海溝系の地下で生じたのだと都城は説明した。この都城の一九六一（昭和三六）年の論文は、変成作用に関係した鉱物学・結晶学・岩石学・テクトニクスの諸問題を開拓して到達した金字塔ともいうべき大論文であ

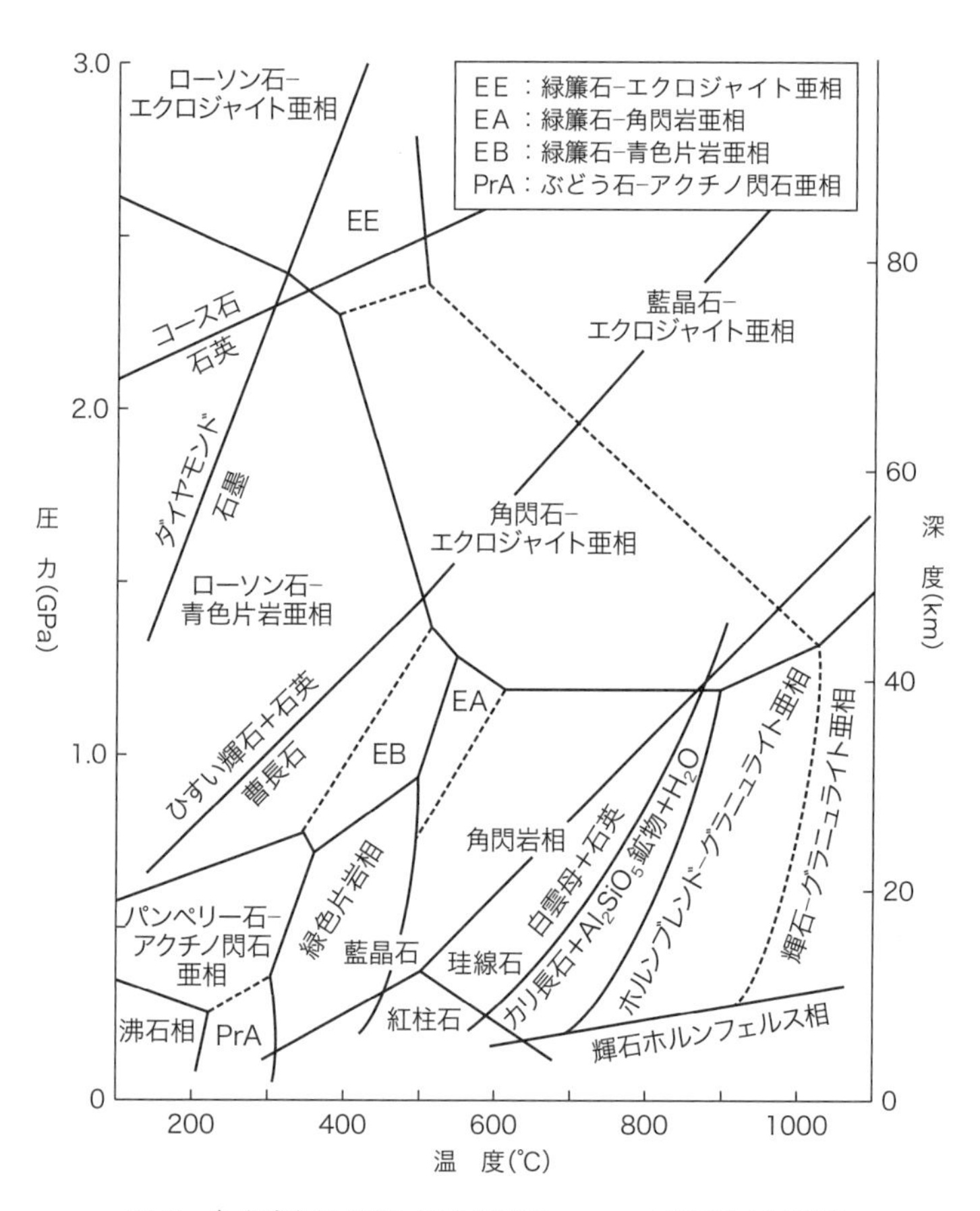

図7　各変成相の温度–圧力領域(Banno et al.(2000)より引用)

り、世界中の地球科学者の高い評価を得て、引用も膨大な数に達した。

都城は二年前の一九五九年に、阿武隈・領家・三波川の三つの変成帯について、それぞれの圧力型と温度構造を論じ、それぞれの変成帯の形成に関して、実にダイナミックなテクトニクスを展開した。この地質学雑誌の論文を、若い地球科学徒には是非読んでもらいたい。都城の当時の気迫が伝わってくる。

都城の仕事を、関陽太郎、紫藤文子、坂野昇平らは強く支えた。

プレートテクトニクス学説はその後、出現した。都城の独創的な考えは、プレートテクトニクスにもとづく地球科学の新しい体系の中核として組み込まれた。高圧型の変成帯は、プレートの沈み込みに伴ってできることがわかった。したがって高圧型の変成帯は、古い地質時代の沈み込み帯の目印として、広く使われるようになった。

【スチルプノメレン】　スチルプノメレンは黒雲母によく似た鉱物であるが、黒雲母よりもカリウムに乏しい。長い間、三波川結晶片岩中の黒雲母と考えられていた鉱物が、スチルプノメレンであることを、小島丈兒ははじめて明らかにした。

【大隅石、インド石】　大隅石は長い間菫青石と考えられていたが、都城秋穂が流紋岩の孔隙から新鉱物として記載した。大隅石はグラニュライト相変成岩中にも産出する。インド石は菫青石の高温型多形である。

【三斜度】 三斜度はカリ長石の三斜晶系の程度を表わすX線的基準である。
【モンゾニ岩】 モンゾニ岩は、ほぼ等量のカリ長石と斜長石からなる完晶質の深成岩であり、閃長岩と閃緑岩の中間的な性質を示す。
【蛇紋岩】 蛇紋岩は蛇紋石を主成分とする岩石で、かんらん岩が水と反応して生成される。断裂帯や沈み込み帯などのプレート境界部に大量に出現する。
【レプタイト】 レプタイトは主に長石と石英からなる優白質で細粒・緻密な変成岩である。酸性火山岩源のものや堆積岩源のものがある。
【晶質石灰岩】 晶質石灰岩は、石灰岩が再結晶作用を受けて生じた変成岩である。大理石とも呼ばれる。
【圧砕岩帯】 圧砕岩は、断層の変形に伴って形成される断層岩のうち、地下深部で塑性流動を受けて生じた岩石であり、マイロナイトともいう。圧砕岩帯は断層に沿った狭長な地帯(数キロメートルないし数十キロメートル)に分布する延性剪断帯である。
【無点紋帯】 無点紋帯は、結晶片岩中に肉眼で斜長石斑状変晶が認められない地域である。三波川帯では、無点紋帯の分布は低変成度部に限られる。点紋帯に向かって、斜長石斑状変晶の粒度は漸増する。

二〇〇七(平成一九)年九月、筆者は家内とともに、ニューヨーク州オルバニーの都城教授御夫妻を訪ねた。私たち四人は、オルバニーのサッチャー・パークの下部デボン紀層の崖の上に立った。正面(北方)にアディロンダックの山塊が望まれ、右前方(北北東方向)にアパラチア山脈がつづいていた。

二〇〇八(平成二〇)年七月二二日夕方、都城教授はサッチャー・パークを散策中に行方不明となり、七月二四日朝、公園の崖下から遺体として発見された。おだやかな死に顔であったという。享年八七歳であった。事故死の報に、筆者はただ茫然とするばかりであった。自分の創った学問を、力強く世界に発信しつづけた巨星、にわかに墜つ。哀惜の念、誠に切なるものがある。

二〇〇八年七月二〇日消印の都城教授からの手紙が、七月二八日に筆者のもとに届いた。これが都城教授の絶筆となった。都城教授への挽歌が、二〇〇八年八月に、朝日歌壇に採歌(選者：佐佐木幸綱先生)されたので、左記したい。

落雷で裂け爆ぜし樹の写真添えし
　師のアメリカ便り師の死後にとどく

おわりに

歴史的視点をベースにした岩石学の本を執筆してほしい、と私に最初に声を掛けてくださったのは、フリーの編集者だった高田房明さんだった。一九八〇年代なかばのことであった。当時私は、チベット高原の地質学的予察調査を行なっていた。調査を終え、チベットのラサから四川省の成都に降り立って、日航機の御巣鷹山での凄絶な大事故を知った。また、それまでの地質学史では、水成論のヴェルナー（ドイツ）は悪玉として攻撃され、火成論のハトン（イギリス）は善玉として評価されていたが、一九七〇年代に入って、そのような見方は根本的に誤っているという主張が国際的に展開されるようになっていた。安山岩の成因について、マグマの混合説を主張していた柵山雅則さんが、アイスランドの地質巡検中に遭難死されたのも、その頃のことだった。都城秋穂さんはオフィオライトの成因論争で国際的に孤立していた。

あっという間に、三〇年の歳月が流れ、いよいよ本書の執筆中に、ＣＨＩＭＥ年代法を創出し、これからの活躍が期待されていた鈴木和博さんが、古稀を目前にして病死された。まことに残念でならない。

本書では五四名(日本人二三名、外国人三一名)の研究者の肖像を、肖像写真ではなく肖像画を描いてお示しすることとした。肖像画を描くのには肖像写真が必要である。都城秋穂さんと久城育夫さんの肖像写真は、一九七二年カナダのモントリオールで開かれた万国地質学会の折に、私が撮ったものである。鈴木和博さんの肖像写真は、一九七三年黒部川巡検の折に、星野光雄さんが撮ったものである。鈴木醇先生の肖像画は、鈴木先生の友人の小磯良平画伯による肖像画(油絵)をもとに私が描いたものである。ドーソンさんの肖像写真は、一九六九年ケニアのナイロビ大学で私が撮ったものである。ヨーダーさんとワイリーさんの肖像写真は、一九七三年南アフリカで開かれた第一回国際キンバーライト会議の折に、私が撮ったものである。

おわりに、私の原稿について、数々の貴重な意見と示唆をいただいた岩波書店自然科学書編集部の加美山亮さんと、長い年月にわたり声援を送っていただいた高田房明さんのお二人に、心からの御礼を申し上げたい。

二〇一七年一二月吉日

諏訪兼位

Bowen, N. L.(1928): *The Evolution of Igneous Rocks*. Princeton Univ. Press. Reprinted by Dover(1956).

Dawson J. B.(1962): Sodium carbonate lavas from Oldoinyo Lengai, Tanganyika. *Nature*, vol. 195, 1075–1076.

Ishihara, S.(1978): Metallogenesis in Japanese island-arc system. *J. Geol. Soc. London*, vol. 135, 389–406.

Kobayashi, T.(1941): The Sakawa orogenic cycle and its bearing on the origin of the Japanese Islands. *J. Fac. Sci., Univ. Tokyo*, Ser. 2, vol. 5, 219–578.

Le Bas, M. J.(1977): *Carbonatite-Nephelinite Volcanism*. John-Wiley & Sons.

Miyashiro, A.(1961): Evolution of metamorphic belts. *J. Petrology*, vol. 2, 277–311.

——(1973): *Metamorphism and Metamorphic Belts*. George Allen and Unwin.

Ramberg, H.(1952) : *The Origin of Metamorphic and Metasomatic Rocks*. Univ. Chicago Press.

Suwa, K.(1990): Hida-Oki terrane. *Pre-Cretaceous Terranes of Japan*, edited by Ichikawa, K., S. Mizutani, I. Hara, S. Hada and A. Yao. Publication IGCP Project 224, Osaka, 13–24.

参考文献

アグリコラ，G.（1968，三枝博音訳）：デ・レ・メタリカ(1556)．岩崎学術出版社．

アルベルトゥス・マグヌス，O.（2004，沓掛俊夫編訳）：鉱物論(13世紀)．朝倉書店．

賀川豊彦(1920)：死線を越えて．改造社．

久城育夫・武田弘・水谷仁編著(1984)：月の科学．岩波書店．

久野久(1976)：火山及び火山岩 第2版．岩波全書．(本書は久野久(1954)：火山及び火山岩 初版．岩波全書を久城育夫・荒牧重雄両氏が改訂したものである)

ゴオー，G.(1997，菅谷暁訳)：地質学の歴史(1987)．みすず書房．

鈴木堯士(1998)：四国はどのようにしてできたか——地質学的・地球物理学的考察．南の風社．

諏訪兼位(1997)：裂ける大地：アフリカ大地溝帯の謎．講談社選書メチエ．

——(2003)：アフリカ大陸から地球がわかる．岩波ジュニア新書．

——(2015)：地球科学の開拓者たち．岩波現代全書．

高橋正樹(1999)：花崗岩が語る地球の進化．岩波書店．

坪井誠太郎(1932)：火成岩成因論．岩波講座．

原郁夫(2012)：三波川帯地域地質学の黎明期．自家版．

松本達郎(1949)：日本地史学の課題．平凡社全書．

水谷伸治郎(2013)：私の“科学革命”．*Nagoya J. Philosophy*, vol. 10, 42–97.

都城秋穂(1959)：阿武隈，領家および三波川変成帯．地質雑，65巻，624–637.

——(1965)：変成岩と変成帯．岩波書店．

——(1998)：科学革命とは何か．岩波書店．

都城秋穂・久城育夫(1977)：岩石学Ⅲ．岩石の成因．共立全書．

山田俊弘(2017)：ジオコスモスの変容．勁草書房．

Banno, S., M. Enami, T. Hirajima, A. Ishiwatari and Q. C. Wang (2000): Decomposition P-T path of coesite eclogite to granulite from Weihai, eastern China. *Lithos*, vol. 52, 97–108.

諏訪兼位
1928年鹿児島市生まれ．東京大学理学部地質学科卒業．名古屋大学理学部地球科学教室教授，名古屋大学理学部長，日本福祉大学学長を経て，現在，名古屋大学・日本福祉大学名誉教授．日本アフリカ学会元会長．日本地質学会賞，渡邉萬次郎賞(日本岩石鉱物鉱床学会)，朝日歌壇賞(2回)を受賞．
著書に『斜長石光学図表』(共著，岩波書店)，『世界の地質』(共著，岩波講座)，『偏光顕微鏡と岩石鉱物』(共著，共立出版)，『歌集 サバンナをゆく』(恒人社)，『裂ける大地 アフリカ大地溝帯の謎』(講談社)，『アフリカ大陸から地球がわかる』(岩波ジュニア新書)，『科学を短歌によむ』(岩波科学ライブラリー)，『地球科学の開拓者たち』(岩波現代全書)，『若き日のヘーゲル』(歌集，ながらみ書房)などがある．

岩波 科学ライブラリー 269
岩石はどうしてできたか

2018年1月25日 第1刷発行
2019年4月15日 第2刷発行

著 者 諏訪兼位(すわかねのり)

発行者 岡本 厚

発行所 株式会社 岩波書店
〒101-8002 東京都千代田区一ツ橋2-5-5
電話案内 03-5210-4000
http://www.iwanami.co.jp/

印刷・理想社 カバー・半七印刷 製本・中永製本

ISBN 978-4-00-029669-4 Printed in Japan

●岩波科学ライブラリー〈既刊書〉

267 **うつも肥満も腸内細菌に訊け!**

小澤祥司

本体一三〇〇円

腸内細菌の新たな働きが、つぎつぎと明らかにされている。つくり出した物質が神経やホルモンをとおして脳にも作用し、さまざまな病気や、食欲、感情や精神にまで関与する。あなたの不調も腸内細菌の乱れが原因かもしれない。

268 **ドローンで迫る 伊豆半島の衝突**

小山真人

カラー版 本体一七〇〇円

美しくダイナミックな地形・地質を約百点のドローン撮影写真で紹介。中心となるのは、伊豆半島と本州の衝突が進行し、富士山・伊豆東部火山群・箱根山・伊豆大島などの火山活動も活発な地域である。

269 **岩石はどうしてできたか**

諏訪兼位

本体一四〇〇円

泥臭いと言われつつ岩石にのめり込んで70年の著者とともにたどる岩石学の歴史。岩石の源は水かマグマか、この論争から出発し、やがて地球史や生物進化の解明に大きな役割を果たし、月の探査に活躍するまでを描く。

270 **広辞苑を3倍楽しむ その2**

岩波書店編集部編

カラー版 本体一五〇〇円

各界で活躍する著者たちが広辞苑から選んだ言葉を話のタネに、科学にまつわるエッセイと美しい写真で描きだすサイエンス・ワールド。第七版で新しく加わった旬な言葉についての書下ろしも加えて、厳選の50連発。

271 **サンプリングって何だろう**
統計を使って全体を知る方法

廣瀬雅代、稲垣佑典、深谷肇一

本体一二〇〇円

ビッグデータといえども、扱うデータはあくまでも全体の一部だ。その一部のデータからなぜ全体がわかるのか。データの偏りは避けられるのか。統計学のキホンの「キ」であるサンプリングについて徹底的にわかりやすく解説する。

272
学ぶ脳
ぼんやりにこそ意味がある
虫明 元
本体一二〇〇円
ぼんやりしている時に脳はなぜ活発に活動するのか？ 脳ではいくつものネットワークが状況に応じて切り替わりながら活動している。ぼんやりしている時、ネットワークが再構成され、ひらめきが生まれる。脳の流儀で学べ！

273
無限
イアン・スチュアート／川辺治之 訳
本体一五〇〇円
取り扱いを誤ると、とんでもないパラドックスに陥ってしまう無限を、数学者はどう扱うのか。正しそうでもあり間違ってもいそうな9つの例を考えながら、算数レベルから解析学・幾何学・集合論まで、無限の本質に迫る。

274
分かちあう心の進化
松沢哲郎
本体一八〇〇円
今あるような人の心が生まれた道すじを知るために、チンパンジー、ボノボに始まり、ゴリラ、オランウータン、霊長類、哺乳類……と比較の輪を広げていこう。そこから見えてきた言語や芸術の本質、暴力の起源、そして愛とは。

275
時をあやつる遺伝子
松本 顕
本体一三〇〇円
生命にそなわる体内時計のしくみの解明。ショウジョウバエを用いたこの研究は、分子行動遺伝学の劇的な成果の一つだ。次々と新たな技を繰り出し一番乗りを争う研究者たち。ノーベル賞に至る研究レースを参戦者の一人がたどる。

276
「おしどり夫婦」ではない鳥たち
濱尾章二
本体一二〇〇円
厳しい自然の中では、より多く子を残す性質が進化する。一見、不思議に見える不倫や浮気、子殺し、雌雄の産み分けも、日々奮闘する鳥たちの真の姿なのだ。利己的な興味深い生態をわかりやすく解き明かす。

定価は表示価格に消費税が加算されます。二〇一九年三月現在

●岩波科学ライブラリー〈既刊書〉

277 金 重明
ガロアの論文を読んでみた
本体一五〇〇円
決闘の前夜、ガロアが手にしていた第1論文。方程式の背後に群の構造を見出したこの論文は、まさに時代を超越するものだった。簡潔で省略の多いその記述の行間を補いつつ、高校数学をベースにじっくりと読み解く。

278 新村芳人
嗅覚はどう進化してきたか
生き物たちの匂い世界
本体一四〇〇円
人間は四〇〇種類の嗅覚受容体で何万種類もの匂いをかぎ分けるが、そのしくみはどうなっているのか。環境に応じて、ある感覚を豊かにし、ある感覚を失うことで、種ごとに独自の感覚世界をもつにいたる進化の道すじ。

279 藤垣裕子
科学者の社会的責任
本体一三〇〇円
驚異的に発展し社会に浸透する科学の影響はいまや誰にも正確にはわからない。科学技術に関する意思決定と科学者の社会的責任の新しいあり方を、過去の事例をふまえるとともにＥＵの昨今の取り組みを参考にして考える。

280 ロビン・ウィルソン／川辺治之 訳
組合せ数学
本体一六〇〇円
ふだん何気なく行っている「選ぶ、並べる、数える」といった行為の根底にある法則を突き詰めたのが組合せ数学。古代中国やインドに始まり、応用範囲が近年大きく広がったこの分野から、バラエティに富む話題を紹介。

281 小澤祥司
メタボも老化も腸内細菌に訊け！
本体一三〇〇円
癌の発症に腸内細菌はどこまで関与しているのか？　関わっているとしたら、どんなメカニズムで？　腸内細菌叢を若々しく保てば、癌の発症を防いだり、老化を遅らせたり、認知症の進行を食い止めたりできるのか？

定価は表示価格に消費税が加算されます。二〇一九年三月現在